狄骧\著

三十岁后，你会站在哪里？2

AFTER 30, HOW TO CHOOSE THE RIGHT PATH? II

時代文藝出版社

图书在版编目（CIP）数据

三十岁后，你会站在哪里？．2／狄骧著．—长春：时代文艺出版社，2016.9

ISBN 978-7-5387-5245-8

Ⅰ．①三…　Ⅱ．①狄…　Ⅲ．①成功心理—通俗读物　Ⅳ．①B848.4-49

中国版本图书馆CIP数据核字（2016）第130852号

出 品 人　陈　琛
产品总监　郭力家
选题策划　方　伟
责任编辑　刘　婷
装帧设计　孙　利
排版制作　尹　爽

三十岁后，你会站在哪里？2

狄骧 著

出版发行／时代文艺出版社
地址／长春市泰来街1825号　时代文艺出版社　邮编／130011
总编办／0431-86012927　发行部／0431-86012957　北京开发部／010-63108163
官方微博／weibo.com／tlapress　天猫旗舰店／sdwycbsgf.tmall.com
印刷／北京彩虹伟业印刷有限公司
开本／880mm×1230mm　1／32　字数／112千字　印张／5.5
版次／2016年9月第1版　印次／2016年9月第1次印刷　定价／22.00元

图书如有印装错误　请寄回印厂调换

钞票的价值不在面额，而在你的一念之间。

——狄骧

自　　序

吃了一百天泡面省下的钱，一天内就贬值？

节俭真的是美德。

然而，它却不能让你脱贫致富。可是，很多被高 CPI 和低薪夹杀的上班族仍看不清：想要脱离没钱的恐惧焦虑，光靠节流、存款这类美德，不但没有效，反而会让你不自觉地陷入“贫性流沙”，再也无法翻身。

油、电涨价的那一天，有位年轻的男性白领哭着跟我说，他狠下心来吃了一百天泡面省下的钱，不到二十四小时，就被绿巨人变身般上涨的物价吃得连骨渣都不剩。

因为接下来，不仅房东告知他，水电分摊费要提高，他的摩托车去加油也更贵了，小吃店和路边摊的价格也跟着涨，就连泡面厂商也要落井下石。他算了算，再这样下去，他那微薄的薪水，只能让他把一包泡面分成两次吃，才活得下去。

他问我，这种日子要怎么过？他要如何才能脱离这种穷到快被阿飘抓去的困境？

我告诉他，除非他家有祖产，有富爸爸或妈妈，否则，他唯一的解决方案，就是三十岁后能打造出一台自己的“印钞机”。只有运用印钞机，有持续且大量的收入，才能抗衡 CPI 这种怪兽，甚至把它远远抛在身后，让它连你的车尾灯都看不到，你才能拥有财务自由。

然而，如果他要在三十几岁就拥有自己的印钞机，那么在二十几岁时，他就要开始部署和勾勒印钞机的蓝图，并且不停地组装测试和改良。顺利的话，三十几岁就可以跷着二郎腿看着印钞机日夜不停地帮他增加收入。否则等到三十几岁才开始醒悟，由于体力渐差加上有家累，要在四十几岁成功打造印钞机，就会比较辛苦一点儿。

老实说，上班族的财务和经济困境，不只是这些年轻的低薪族才会遭遇的，即使你在职场已有十年资历，月薪超过 10000 元[①] 也可能

---

① 为了读者阅读方便，本书中出现的所有钱币单位“元”，已改为人民币，1 元人民币约合 5.06 元新台币。

碰上。然而，如果你能从本书中的论述和案例中，真正看清高 CPI、低薪及实质负利率是未来一百年都不会改变的“不可逆趋势”，你就会知道，你的薪水如果不跟上 CPI，即使你未来领到 12000 元以上的月薪，也只能三餐吃一包泡面度日，更不用说要买房或安稳退休了。

因此，你不仅要关心自己三十岁后会站在哪里，你更要担心的是，三十岁后，你是否还在为了“钱不够用＝贫”或“没有钱用＝穷”而失眠焦虑和感到绝望。

虽然不是所有的上班族都是经济学的专家，但身处“饥饿游戏”平台中，你至少应该意识到，CPI、通货膨胀和实质负利率，还有汇率及利率，都将冷不防地从四面八方把你逼入“贫性循环”的轮回中，让你永不得超生。

物价的上涨，除了和利率有关，跟汇率也有“脐带效应”。

例如，政府如果为了挽救出口而让货币贬值，也会因而伤到进口利润，让进口成本大增。可想而知，进口物价上升，接着就是国内物价全涨。

总之，整个资本市场中，会让物价上涨、让你的薪水和存款贬值的因素和变量，实在太多也太复杂。只要这么多的变量中有一个出了问题，物价就像娘要嫁人一样，拉也拉不回地上扬，这些都不是你我可以预测和控制的。

因此，三十岁后，你除了要搞清楚自己该往哪个产业、哪个领域去力争上游外，你还必须要先为自己未来的财务风险做好应对的准备和管理。

总之，如果你真的想脱离“贫性循环”，就开始为自己打造印钞机吧!

不论你从事什么行业，只要你的产出符合市场需求，就能打造出印钞机。

毕竟，在这个钞票快速贬值的时代，你要脱贫或致富的关键，绝不是省钱或储蓄，而是拥有持续性收入的印钞机。

我策划和写这本书的用意，就是要告诉大家这些真相，还有为何你必须拥有那种你不工作或去度假时，钞票仍会自动进你口袋的收入。同时，在书中我也会把如何打造印钞机的方法和辛苦之处同大家分享。

相信我，**贫穷不是天注定的，任何人都可以从“贫性循环”里翻**

身，拥有财务自由。只要你的脑袋开窍，开始用富人的“印钞机收入”思维来善用自己的资源，就算你只会擦皮鞋或在路边举牌，只要你有勇气去组装和测试，你就有资格拥有“系统化收入”的印钞机，日夜不停地为你印钞票。

目录

PART 1
“贫性循环”像高血压，无声无息却要人命

PART 2

高 CPI 和负利率时代，是个不断蔓延的沙漠

PART 3
趁还没穷死前，打造自己的“印钞机”吧!

PART 1

“贫性循环”像高血压，无声无息却要人命

穷人永远不知什么是“贫性循环”

我常对几个背负信用卡债的朋友说，他们之所以成为穷人或卡奴，不是因为没工作或工作偷懒，而是不懂“贫性循环”的强大威力。

到底什么是“贫性循环”？

所谓的贫性循环就是：当你没钱或钱不够用时，仍用超支或透支的策略去满足现在的不当需求。结果，这些自欺的策略，将导致你未来更贫穷。

例如，月薪5000元的穷白领，赚来的钱不是拿来充实自己或去考证照，而是吃喝玩乐或买包包、买衣服花掉，甚至花光下个月的预算，导致负债越来越多，结果，每月的薪水到手，有一半以上都要拿来还债。

可想而知，他未来的收入和生活质量将更糟糕，注定一辈子都是穷人，再也无法翻身。

我有位朋友在公司担任高管，据我所知，他一入社会就开始为存第一桶金做准备。然而，很多年后，他的存款却迟迟没有破 10 万元大关。

有一次，我忍不住开口问他，当主管一定收入比较多，为什么账户上的数字仍然这么低。他叹口气说，本来也以为薪水变多就能存到钱，没想到赚得多，花得也多。

例如，以前骑摩托车上班觉得稀松平常，当了主管后觉得自己的身份已经不同，应该要跟基层员工有所区别，于是贷款买了一辆名车代步。

除此之外，为了拓展人脉，各种来往应酬根本无法避免，去的地方又都是高档餐厅，每周一次就快吃不消了，何况有时候还要跟自己的家人和朋友聚会出游，再加上平均三个月就出国一次，实在让他存不到什么钱，甚至还会动用到信用卡的循环利息，每月只交最低还款金额。

我听了大为震惊，像他这样的高级知识分子，也会不自觉地踏入"贫性循环"的陷阱，更何况是一般的蓝领白领朋友。

老实说，这是很多上班族都会犯的错误，上一秒立志要成为有钱人，下一秒却开始失心疯般地消费，结果让卡债利息和债务，像滚雪球一样，每分每秒、日夜不停地愈滚愈大，直到雪球把自己压死，还不知自己做了什么傻事。

所有靠劳务收入的朋友们，你们一定要知道，自从2008年金融海啸过后，全球经济就像云霄飞车一样急速下坠，最可怕的是至今仍然持续低迷。

唯一表现亮眼的，大概只有节节高升的通货膨胀率和CPI，而且这个上升趋势就像刹车坏掉的高铁，永远没有回头与减速的可能。

比如说，本来一碗10元的面，悄悄涨到了12元，或是有些商品虽然价格上没有变动，但内容物明显减少或有偷工减料的嫌疑，这就表示从前你花100元能买到的商品，现在必须花更多的钞票才能拥有。

因此，你千万别以为现在存起来的100元，到了明年还会有100元的价值。

此外，你必须勇敢面对的残酷事实是：或许你的薪水现在够用，但如果你的加薪幅度无法超越CPI和通货膨胀率，那么，不管你怎么努力工作，你的收入将永远只够让你吃泡面。

这时候，如果你不仅花掉劳务收入，还动用借款去消费，那么，你的资产将永远是负的，一辈子只能为了还债而活。

说白了，“贫性循环”就是穷人老是用“借来的钱”去消费，每花一块钱，就连带产生“循环负债”两块或更多的钱。

所以，富人和穷人的最大差异就在于：**穷人是用“收到或领到的**

钱”去消费，而富人则是用“赚来的钱”去享受生活，可想而知，“穷者愈穷，富者愈富”是很自然的事。

总之，所有靠劳务收入生活的朋友，如果你想脱贫致富，在学会打造印钞机前，你要做的功课是，**先搞懂“贫性循环”这个事实，让你的负债止血，让你的“贫性循环”踩刹车再说。**

从这一刻开始，再也不要愚蠢地把“收到或领到”的薪水或预借现金，拿来启动“贫性循环”的漩涡。否则，我相信，你三十岁后，甚至四十、五十岁后的生活，绝对是一场噩梦。

TOP TIPS

富性循环

“富性循环”是相对于“贫性循环”的一种财务观念，一般人靠劳务赚取收入去支出、消费，永远活在一上一下的波段循环。而富人的“富性循环”，是懂得建立一套用收入累积更多收入的系统，这样的系统是一种乘数法则，有别于“贫性循环”的加减法则。

沃伦·巴菲特因为建立了自己的一套资本管理系统，以其睿智的投资策略眼光，持有多家赚钱企业的股权，累积了庞大财富，形成一种“富性循环”。很多人称他为股神，其实他并非十分热衷于股票操作。

若没有“富性循环”的观念，就算因为投资赚了钱，再把钱拿去消费花掉，一样会落入“贫性循环”的陷阱。又比如，你买了一套房子作为投资，每个月拿出劳务收入来交房贷，在还没有卖掉兑现之前，并不能真正为你累积收入。但如果把房子出租，收取租金来付房贷，或是再累积额度去购置别的房产，便能发挥乘数效果。

“富性循环”并不是狭隘的买股票或是置产投资，懂得脱离贫性的万恶循环、洞察并实践“富性循环”的人，将能达到财务自由的人生目标。

你再继续“踩油门”，早晚会翻车

我发现越来越多的人都陷入“踩油门消费主义”的困境里而不自知。这些人的共同行为就是心甘情愿地被广告促销、营销所吸引，然后口袋就像破了洞，不管放入多少钱，最后总是一块钱都不剩。

举例来说，我有一位相识多年的朋友，他并不是电子商品的狂热爱好者，但只要某个知名品牌推出新手机，他都会加入预购的行列，无论价格多高都毫不手软。

我觉得很好奇，手机弃旧换新的速度非常快，似乎已经从消费品转变为消耗品，但在还能使用的情况下，为何要花这笔额外的费用？

他很老实地告诉我，因为看到广告后感觉功能似乎很不错，而且这个品牌在很多人的眼中代表着“时尚”，拿在手上就觉得自己变得更有品位，再加上身边朋友也会讨论新手机的话题，要是没跟上潮流就会显得自己很落伍。

这种不懂刹车的消费心态其实非常危险，因为你很容易盲目地相信外界给予的信息，导致无法分辨现在手边正要购买的商品，究竟是自己真正的需求，还是企业创造出来的假性需求。

此外，让很多人无法从踩油门消费主义脱身的帮凶之一，就是功能齐全又方便的塑料货币，也就是人手一张的信用卡。

从信用卡问世之后，吃饭、看电影、逛街购物……无论你想做什么，只要一卡在手，什么都能立刻拥有，不需要再携带大把钞票出门，还可以省去来往找钱的麻烦。

只是，原先是为了交易更便利的好意，却因为信用卡拥有延迟支付的实时融资功能，反倒造成卡债族的出现，让很多人沉浸在欲望满足的当下，等账单寄到家里，才发现自己竟然不知不觉花了这么多钱，顿时面临债务缠身的危机。

当你无法如期还款，只能等下个月领薪水才能结清时，你的账单金额早已悄悄攀升。因为上个月没还清的费用，会加计利息后并入这个月的应交金额，等于被剥两次皮，而目前银行的透支循环利息并不少，要是继续利滚利，每个月的薪水光是拿来还信用卡就所剩无几。

要是真的付不出全额也没关系，这时候银行会很“好心”地告诉你，只要每个月支付“最低应交金额”，依然可以继续维持你的信用额度来大刷特刷。

举例来说，假设你上个月欠款为2000元，银行设定你要交的比例为1%，而本月消费为4000元，按规定，新增的消费最低必须交10%，所以你本期的最低缴费金额为20元加上400元，等于420元。

如果你真的以为这是解套的好办法，那么未来的日子里，最常来

问候的一定是银行紧迫的催款电话，因为最低缴费金额，其实是让你财务越来越大洞的诡计。你交的那一点点钱，主要是用来支付利息，真正的本金实际上并没有还多少。

我想起之前看过的--则信用卡广告，画面中所有的物品都标出价格，最后再注明人的情感无价。在这个充满钱味的社会，无论被包装过后显得多么人性化，但骨子里终究不改想吸干消费大众荷包的本性。

就像另一则广告想要传达的是，一旦拥有信用卡，全世界都能走透透，当你的目光被制造出来的欢乐氛围抓住，可能就会忽略旅行回来之后，下个月马上要支付费用这件事。说穿了，这就是企业为了帮消费者洗脑的营销手法。

快乐是一时的虚幻感觉，账单却是一辈子的真实负担。

别以为二十几岁的时候，还有本钱可以任意挥霍。你要知道，这种毫无节制的消费模式，就好比一辆只会狂踩油门的汽车，而不顾一切往前冲的下场，就是难逃撞上负债这面墙。

最后，我奉劝你，最好三十岁前就看清这些财务陷阱。否则，就算你像便利商店一样全年无休，天天加班又兼职，依旧还不完一屁股的烂债，不到三十岁，你就会成为无法翻身的卡奴。

TOP TIPS

踩油门消费主义

企业为了追求利润，无所不用其极地创造各种商机，刺激消费者无限扩张自己的需求和欲望，使消费者不自觉地增加消费的次数，像猛踩油门一样，加速前进停不下来。

这种踩油门的过程，好比百货公司周年庆的满额送，消费者为了凑满1万元可以拿到1000元折价券，多买了很多原本不在购物清单里的物品。拿到1000元折价券后，又得再花1000元以上的消费金额才能享受折抵优惠。就这样买一个变成了买三个，付不起现金可以刷卡，无法一次交清可以分期，让消费者落入负债的恶性循环中。

“踩油门消费主义”的行为模式不只发生在民生消费层面，更延伸到了投资理财方面。像美国次贷危机引起的金融风暴，就是踩油门经济模式导致的全球性经济悲剧。如果消费者能认清商业活动背后的真面目，更审慎地处理消费用度，就能及时踩刹车，避免发生失速翻车的个人经济危机。

你口袋里的100元，只是一张纸

如果看到地上有100元钞票，几乎90%的人都会毫不犹豫把它捡起来。相反，若是换成一张普通的纸，会捡起来的人，应该只有辛苦维持环境整洁的清洁人员。

不过我要告诉你，其实100元钞票，也只是一张有数字的纸而已。

人类最初的交易模式都是以物易物，用自己有的东西去换别人的物品。后来因为社会形态逐渐发展，“等价”的概念渐渐取代“对价”，于是开始有了“交易媒介”的产生，从最初的贝壳币，不断改良成现在有面额的钞票。

钞票把商品的价值数据化，让其可以直接用价格定义，除此之外，不只实体商品能够被标价，连无形的服务都可以换算成具体的费用，例如去餐厅吃饭10%的服务费。

但是，这也意味着拥有更多的钱，才能得到更多更好的东西，于是，每个人都向“钱”看齐，拥有越多钞票，就等于拥有了越高的社会地位，形成“个人价值钞票化”的扭曲现象。

只不过，钞票的价值随着经济环境变动，本身并没有“绝对价值”，因其作为交易媒介，才会被赋予人人都想追求的光环。以现在台湾经济仍在衰退的情形看来，每年货币贬值似乎已成定局，相对地，通货膨胀却不断大幅上升，在互为消长的态势里，钞票的价值正以你想象不到的速度持续下跌。

很多上班族就是因为不懂这个道理，只要存款增加就觉得自己正在往有钱人的目标前进，存款减少就开始担心自己好像变穷了，心情跟着钞票数量起伏，少一张多一张都像发生重大新闻一样。

我有位朋友之前去逛夜市的时候，随身包包忘记拉上拉链，当她要买东西时才发现皮夹不翼而飞，之后在朋友聚会中碰面，她谈起这件事情还依然一副愤愤不平的样子，我以为是损失很惨重的缘故，没想到她说皮夹里只有一张百元钞以及储存值 100 元的悠游卡。

竟然为了 200 元耿耿于怀，实在是令我觉得非常不可思议，也让我替她的未来感到忧心。若是只对眼前的钞票数量有感，却对大环境的趋势无感，这种人绝对会受困于个人财务状况的窘迫。

你拥有的钞票愈多，并不代表你的财富就会跟着增值，唯有“资产”才能让你真正脱离贫穷又痛苦的上班族行列。

上班族的薪水与有钱人的资产，两者之间的差别在于，薪水固定不变，每个月领到的数目都一样，是用血汗换来的报酬；而资产却可以替你带来可观的经济利益，又不必天天拼命加班，身体健康与财富可以同时兼顾。

比如说房屋就是一项资产，前提是它并非处于闲置的状态。如果你只是单纯买下来不作他用，顶多只能算是所有物，要是出租给其他人收取租金，当大家口中的包租公包租婆，你才算拥有能脱离贫穷的真正资产。

此外，相较于容易随着利率与 CPI 变动而贬值的钞票，资产具有保值的特性，在未来还有大幅增值的潜力，只不过我要提醒你，并不是拥有一间准备出租或是转卖的房子，就能够晋升有产阶级的行列。

像我有一位朋友，好不容易存了一笔钱，想来想去还是决定先置产，这样就算退休之后，不管是当房东收租金，还是把房子卖掉赚差

价，都是进可攻退可守。由于觉得市中心的房子实在贵得离谱，于是他在郊区买了一套房，价格还不到市区相同规格房子的七成。

结果，因为附近人潮少，商业机能不够完善，距离闹市区又远，根本就没有人要来租房子，除此之外，这片区域也并未列入开发计划，以长远来看几乎没有增值空间，于是他陷入要被继续套牢或是忍痛认赔卖出的两难局面。

既然你现在已经明白资产的重要性，接下来你该思考的，已经不是如何增加钞票的数量，而是要怎么拥有使财富倍增的资产。首先，你必须具备挑选目标的精准眼光。

从现在起，你必须多涉猎财经趋势与时事议题，了解整体经济的走向，不要再把时间花在看那些没营养的八卦新闻上。

如果二十几岁开始培养敏锐的市场洞察力，三十岁后你就有很大的概率选中潜力资产，为未来的日子奠定财富基础，否则，一旦通货膨胀失控，钞票瞬间变成废纸时，你能做的，就只剩下睡在路边等着慈善团体救济。

TOP TIPS

资产与资本

资产（asset）是指企业或自然人拥有或控制的经济资源，能以货币衡量，并带来经济利益，亦即产生现金的流入。

资产又可分为：固定资产如房屋、土地等；流动资产如现金、活期存款等；无形资产如商标权、专利权、著作权等。

依据期限的长短也分长期、短期资产。不论是有形还是无形的资产，其价值都可能随时间减损或增加。

资本（Capital）是指投入生产经营能产生效益的资金。英文Capital一词源于拉丁文Caput，原意为家畜之头数的计算单位，在游牧时代，家畜代表生财工具，资本最初即有本钱的意思。随着时代的改变，资本的含义更为广泛，为达成生产营运需求，运用初期取得的资金购买土地、厂房、设备、原料、聘雇员工等，这些资金都属于资本。

如果从经济学、会计学或公司法等不同角度来诠释“资本”，又各有广义和狭义的解释。

每天买地摊货和吃泡面，是赔本生意

我有位朋友告诉我，他最近几乎每个晚上都失眠，我问他为何不去医院让医师诊断，他只是苦笑说这个症状，就算是医生也无法根治，除非自己买的股票谷底反弹，不要再天天跌停板。

原来，他一直都有投资的习惯，不管是基金还是投资型保单都有涉猎，后来因为回报率太低，才把目标转向投资股票，只是没想到一时贪小便宜，为了省成本，把钱都分散在面额 10 元左右的标的，想着买这么多种产业，总是会找到有潜力的金母鸡。

结果这些股票在经济不景气的冲击下，不只成为鸡蛋水饺股，有八成的股票更是跌破 1 元，直接变成危机四伏的地雷股；不仅如此，因为企业亏损，无论是现金股利或是股票股利都没着落，投下去的钱就跟丢进水里没两样。

我听完这件事不禁摇头叹气，因为我以为像他这种有资历的投资人，应该不会犯这种显而易见的错误，没想到他仍然存有以小博大的心态，让自己掉进“投机入市”的陷阱里。

这种贪图眼前利益的心态，让我想起以前公司同部门的助理。与她共事一阵子之后，我注意到她每天都穿不同的衣服，几乎没有重复。我开玩笑地问她家里是不是卖衣服的，她摇头说因为自己都买地摊货，常常丢进洗衣机就褪色，或是才穿了两三次就起毛球，只好不断地买新的衣服。

她觉得反正这么便宜，多买几件也不算贵，又能常常穿新衣服，所以还是不改买地摊货的习惯，但她没想到的是，如果60元的衣服可以穿一星期，那一个月的治装费就是240元，一年就要花将近3000元，相对来说，虽然专柜一件衣服要600元，但材质和质量至少都可以维持半年。

虽然有家量贩店的广告标榜“便宜有好货”，但我要提醒你，一分钱一分货，想要抓紧手中的钞票，你就要有承担风险的觉悟。

况且买衣服需要花时间，可能还要交通费，像这种容易被忽略的成本，很可能就是让你不知不觉陷入“贫性循环”的关键。

举例来说，当你花时间逛街买衣服，在此同时，你的机会成本就是可以利用此时间去上进修课程，增强自己的外语能力或其他专业技能，或者是兼职赚取另一份额外的薪水，当你以为买到就是赚到，正为地摊货便宜的价格暗自窃喜时，实际上却是因小失大，反而得不偿失。

只有很少人能够看透这个事实，不管年纪是二十岁还是三十岁，大部分的人还是容易被表面的好处蒙蔽双眼，完全不知道背后的严重性。

我还有另外一个朋友，他最近看上一间市中心的小套房，为了凑足首付款，他用尽各种手段来节省支出，连三餐都并作两餐吃，而且还有一餐固定是泡面，我曾经劝他不要过这种不健康的生活，但他为了一圆有壳蜗牛的梦想，仍然照着自己的计划走。

最后，他顺利地存够首付款，房子也过户完成，结果没多久，在公司例行的健康检查中，发现他的肾脏功能严重受损，必须定期到医院洗肾。这个消息对他来说简直就是晴天霹雳，也令他迟迟无法接受一辈子洗肾这个事实。

二十岁的时候，你就要学着看清金钱的本质，不要傻傻地以为随随便便就能当赢家，就算现在你觉得自己得到好处，或许在不久的将来，你就必须为眼前这点儿蝇头小利，付出超乎你所想象的代价。

在 CPI 不断成长、通货膨胀永不停止的M型社会里，**与其绞尽脑汁想着怎么省钱，倒不如想办法增加收入，强化自身的竞争力与消费力。**如果你在二十岁的黄金时期，只学会如何省小花大，却从来没思考怎么增加口袋的深度，那么三十岁后，当朋友个个事业有成，都在尽情享受人生，你却还得跟路边小贩为了五块十块讨价还价，在“贫性循环”里载浮载沉，永远无法全身而退。

TOP TIPS

居民消费价格指数

居民消费价格指数（Consumer Price Index, CPI），被世界各国视为普遍的整体经济参考指数，如此一来，政府就能够掌握物价波动的幅度，并根据状况及时提出合适的应对策略。

居民消费价格指数能够反映出消费品与劳务价格的变动情形。

比如说，相较于过去 12 个月，指数下降 3%，表示生活成本变低，意味着你可以用比较少的钱买到相同的东西，而且，虽然实质所得并没有改变，却因为钞票的价值提高，导致购买力也随之提升。

另外，借由居民消费价格指数也能够看出通货膨胀的水平，若上升幅度太大，央行就必须采取紧急策略，比如紧缩货币政策来抑制经济过热。

除此之外，美国经济学家戈登在 1975 年提出核心居民消费价格指数（Core CPI），当时他认为物价上涨是受供给因素影响，居民消费价格指数应扣除能源和食品这两种项目，才能更贴近真实的经济活动，并客观地衡量价格水平的变化。

需求和欲望，便当和名牌包

我有位白领朋友，三餐老是用便当果腹，有时候甚至一个便当分三餐吃。

刚开始我以为她是家境不好，或是想跟着流行减肥，后来才发现她如此节省的原因，竟然是为了购买每季的新款名牌包。

我好奇地问她，难道买奢侈品比正常吃饭来得重要？

她不以为然地回答说："名牌包跟吃饭一样重要啊，很多名人也是常常买名牌包，所以对我来说，这也是生活不可或缺的必需品。反正又不是没吃三餐，而且薪水是我赚的，决定怎么花是我的权利。"

我认为她不惜一切达到目标的精神，很值得嘉许，只是，名牌包对她来说是否真的是必需品，她是看不清的。

知名经济学家大前研一提出的M型社会模式，在资本主义的扶植下，变得越来越明显，贫富之间的隔阂也日益加深，有钱人可以一餐花上万元去追求米其林美食，而穷人可能连一个馒头都买不起。

通常在这种贫者愈贫、富者愈富的情况下，口袋不深的上班族，应该会把钱花在日常生活的刀刃上，但奇怪的是，这些人在奢侈品的消费额度上却没有大幅下降，反而在个人支出上占了很高的比例。

说白一点儿，这种赚 100 元花 300 元的上班族，就是名副其实的“薪贫族”，名牌对你们来说其实没什么必要。

但是企业为了让利润最大化，当金字塔顶端的市场逐渐被竞争者瓜分，只好将脑筋动到穷白领身上。

于是，被企业买通的时尚杂志会告诉你，今年的流行趋势跟去年不一样，想要走在潮流尖端，就必须添购新行头。

电视节目也有达人与明星分享本季必败单品，就连广告时间都不停灌输“名牌能提升品位与地位”的想法。

因此，许多收入有限的白领，长期被这些假性需求的信息洗脑，开始分不清“需要”和“想要”的界线，最后终于沦为卡奴或负债的穷人。

可悲的是，他们每天上班靠劳务赚来的微薄薪水，渐渐地变成企业获利和银行的利息收入，那些钱根本不再是他们的，他们却仍浑然不知。

或许，因为钱不够用，房子买不起，车子也养不起，所以对物质的欲望也更强烈，只要手边存点儿

钱，就开始物色高价奢侈品。

当账单来时，他们还会用“上班很辛苦，应该要慰劳自己”，或是“反正现在花钱，只要下个月多兼点儿职，就把债还掉”这些借口来说服自己。

事实上，许多穷白领没有看透的是，失控的欲望不仅是掏空钱包的元凶，更是让你陷入“贫性循环”、一辈子无法翻身的关键。

或许，你二十多岁时可以一天兼三份工，但三十岁甚至四十岁后，当你的体力衰退，你的劳务收入无法再喂饱你的挥霍习惯，这时，你根本不用再想什么财务自由，因为，你可能连三餐都没有着落。

你要醒悟的是，有钱人买包、衣服或精品，都是用“资产树”上的果实，今天他们摘了一颗果实去消费，明天树上会长出更多的果实，不论他们买了多少包包和衣服，他们的“资产树”丝毫不受损伤。

然而，只靠劳务收入的你，“资产树”根本都还没有被灌溉，未茁壮开花结果，这时你硬要消费，等于是挖树根去消费，恐怕再多挖几次，你的树根就会完全消失，接下来，你就要割自己的肉去买便当了。

总之，需求和欲望，便当和名牌包，在财务概念上有什么不同，穷白领是无法看透的。

如果你在三十岁前，无法把自己的资产树根重新埋进土里灌溉，三十岁后，就别指望它会开花结果。

如果你此刻醒来，决定要栽培自己的“资产树”，那么，你要做的是，先搞清楚需求和欲望的差别吧！

穷人没有资格享受“欲望”

我有位上班族朋友是典型的“欲望实践者”，虽然薪水有限，却总是放任自己想买就买。起初是专柜上千元的鞋，没想到却因此造成鲜花效应，为了搭配这双鞋，他把身上的衣服都换成了知名品牌的每季新款。

渐渐地，欲望支配了他的大脑，虽然每个月薪水只有6000多元，却阔气地买下高级轿车来代步，只是超出能力负荷的贷款金额，逼得他下班后必须另外兼职赚外快，又因为毫无节制地挥霍，别说是储蓄，就连基本的生活开销都无法支付。

在现金不够用又交不出卡费的情况下，他转向申请现金卡支付眼前的负债，完全不了解“以债还债”是压垮人生的最后一根稻草，导致财务缺口愈补愈大洞，最后不只信用全无，还因为银行的催还款电话丢了工作，只好夹着尾巴逃回家，成为失意丧志的啃老族。

这就是人性写实的一面，无论你今天是月薪4000元的上班族，还是茶来伸手、饭来张口的有钱人，内心都会有享受欲望的念头，不只希望食衣住行都能用最顶级的品牌，心中还会期待旁人投射过来的羡慕眼光。

当然，我并不认为满足欲望是一种罪恶，只是，你必须先确定自己的口袋够不够深，因为享受欲望，其实是一种有钱人的特权。

或许你会说："人生而平等。"是的，这句话固然没错，但当你身处当今社会，抱歉，你不是穷人就是富人，尤其社会严重M型化，中产阶级几乎消失殆尽，靠着老板给薪水过日子的穷白领，其实根本没有享受欲望的资格。

因为，每个月除了三餐和房租，还要再扣掉杂七杂八的费用，上班族原本不多的薪水早就所剩无几，连储蓄都很困难，何况是去买那些价格有好几个零的奢侈品。

只是，企业为了追求高利润，总是不断塑造"追求名牌就能与名人一样高尚"的假象，让你忍不住幻想自己用了这些高档货之后，就能像上流社会的名媛或绅士那样魅力四射。

于是你就像得了失心疯，写下一笔又一笔的欲望清单，为了实现购物的欲望，宁愿每天吃泡面，假日还去兼职，甚至低声下气地向朋友借钱，这种压抑的日子过久了，哪一天你可能就心一横，办张信用卡来大刷特刷，完全没察觉满足欲望对富人来说是成就感，对穷人而言却是深不见底的陷阱。

因为有钱人不会满足于现状，他们会不断追求更好、更优质的生活，当LV经典款包包用腻了，就向上提升到爱马仕的铂金包，而欲望就像含糖饮料，不但不能解渴，反而让你愈喝愈渴，于是你也开始

慢慢扩张消费金额，完全没发现薪水已经不堪负荷，你即将踏入“贫性循环”的陷阱。

说到底，会用薪水追逐欲望，图的就是一种尊荣的感觉而已，只是你没注意到，穷人与富人消费的金钱来源不同，穷人使用的是每个月的固定薪水，一旦被花掉，就只能等着下个月的发薪日，若是临时有紧急支出，马上就会陷入手边无钱可用的困境，只能动用户头里一点一滴存下的老本。

而富人花的几乎都是额外收入，例如投资有价证券的股利分配，或者是创立企业的收益，他们拥有的金钱不靠别人给予，而是靠自己创造能持续获利的模式，因此在金钱上，他们永远都不担心，因为口袋里总能随时拥有取之不尽的财富。

直到现在，我那位啃老族朋友仍然还没清偿以前欠下的债务，看着欠款金额像雪球一样愈滚愈大，他索性也不找工作赚钱还债了，顶多四处打打零工，要不然就是加入短期人力派遣，等合约结束，依旧在家当欠一屁股债的米虫。

总之，我必须提醒你，千万别想用名牌来证明自己的价值，因为这种豪奢的金钱游戏，只凭你当白领上班族那微薄的薪水，就算赚十辈子也拿不到参与游戏的资格。

从现在起，别再盲目听信精品广告，满脑子只想血拼。你必须了解，**二十岁的你，早已替自己预约了三十岁的人生，想要满足欲望又不想债务缠身，那么你就得想办法充实自己的脑袋和口袋。**

否则三十岁后，你不只丧失买奢侈品的权利，更惨的是连领 4000 元月薪的资格都没有。

害怕没钱的人，才是穷人

《有钱人想的和你不一样》一书中提到：“有钱人就算恐惧也会采取行动，穷人却会让恐惧挡住了他们的行动。”

这句话让我想起以前共事过的一位同事，大家都知道他有一个口头禅，就是每当有人约他去吃饭、看电影或是出外游玩，只要牵涉到花钱，他总是会说：“不要了，这样的话，我怕之后会没钱。”

我认为居安思危是很好的美德，代表他意识到自己赚得不够多，但这种“少花钱就会有钱”的穷人思维，早晚会让他被“M型化机制”淘汰掉。

相信我，就算他存再多的钱，未来也必定躲不过“贫性循环”的毒手。毕竟，手上暂时握有钞票，是无法让钞票生钞票的，当然更无法成为真正的有钱人。

或许有人会反驳：“我都按时记账管账，至少我知道钱花到哪里”或是“就算只有4000元的月薪，我都强迫自己至少要存1000元，养成每个月固定储蓄的好习惯”，但是，记了账，每月存1000元，那又怎么样？

我说过，脱贫致富的关键在于增加收入，而不是省钱存钱，因为，钱放着不动，就像新鲜蔬菜一样，是每分每秒都在枯萎的，等枯坏到一定程度，这些菜就不能吃了。所以，就算你是个记账达人或存钱高手，如果你的薪水就是4000元，再怎么记账，也不会变成6000元。

此外，如果你为了省钱，除了不做消费性支出，连进修和自我投资的意愿都没有，这样下去，就算过了十年，你还是只能在基层跑腿，顶多是每个月都能存1000元的穷白领。

因此，穷人不是身上没钞票的人，穷人是身上有钞票却相当害怕失去这些钞票，从而不敢让钞票流通的人。

相反，富人的富，是来自他对钞票的正确认知，他们可以手上没有钞票，甚至可以向别人借钱，因为，他们不害怕失去钞票这种用来流通、交换货品或资源的标记价格的纸。他们知道钞票只是交易工具，不是资产，所以，他们从不担心没有钱，这样的认知，反而让他们成为钞票的主人，而不是被钞票制约的奴隶。

这也是为什么富人特别重视钞票以外的资源，例如时间、人脉、情报，以及如何打造更多印钞机的经验法则和知识。

然而，许多穷白领或自以为拥有钞票就拥有一切的穷人，假日时则会选择坐在咖啡厅，听着舒缓悠闲的音乐跟三五好友聊聊天，谈谈八卦，就这样无所事事消磨掉一整个下午。

因为他们害怕失去钱，加上身上存了一些钞票，就自以为是有钱人，所以总是在做一些花钱又没经济效益的事情。

如果你二十几岁，就相当害怕自己没钱，或者花了一点儿钱，就让你恐惧焦虑，从此失眠加上生理失调，那么，我可以大胆预测，你在三十岁后，财富不仅不会增加，你这种害怕没钱的恐惧，反而会让你成为一个身上有一堆钞票却不停在贬值的穷人。

我说过，那些会影响你手上钞票价值的变量，实在是太多太复杂，加上蝴蝶效应的威力，或许巴西的一个小朋友吃汉堡噎到，全球股市就会应声倒地，这时，你手上有再多的钞票，也都是一场游戏一场梦。

不论你是蓝领或白领，甚至是快餐店或饮料店的服务生，三十岁前，你们该拥有的，不是钞票这种不真实的东西，而是拥有看清全球经济运作的视野和格局，进而看清自己对钞票的错误认知，也看透自己害怕没钱的恐惧。

只有如此，你才能在三十岁后，打造出一台有远大格局的印钞机，每次印出的钞票是千元起跳，而不是一块两块的小钱，这才是成为有钱人的真正关键。

这时，你才会领悟到，**你的不害怕没有钱，才是你这一生最值钱的宝藏。**

生老病也是“贫性循环”的推力

美国作家爱默生（Ralph Waldo Emerson）曾经说过：“健康是人生的第一财富。”

但是据统计，台湾有四成上班族，每月的上班与加班时数合计约为221小时，远超过劳动法规定的2周84小时，在全球工作时数排名也是名列前茅，统计显示台湾人的健康正一点一滴地被工作侵蚀。

我发现很多人并没有意识到，上班族其实是扎扎实实的体力活，每天工作满8小时是基本条件，最好每个月都健健康康的不要缺席，因为无论你是吃坏肚子还是出车祸，一天不到就要扣一天薪水，完全没有商量的余地，而加班当然也是家常便饭。

对于超时工作这种情况，很多专家与前辈都灌输给年轻人一个观念：多做多学，对未来必定会有帮助。我不反对这样的观念，但同时你也必须思考：加班的时候是真的有学到日后需要的新技能还是只是你为了能继续在公司生存所使用的手段。

如果是为了提升在公司的存活率，或许你在二十几岁体力正值巅峰时可以这么做，一旦到了三十岁后，生理机能逐渐老化，体力就不再是你比别人更有竞争力的本钱。你会发现以前连续熬夜一星期也没问题，现在只要一两天晚睡，马上就能明显感受到强烈的疲倦，无论假日睡多久都还是觉得疲累。

就像市面上的商品有从成长到衰退的生命周期，我们也有所谓的“生命健康下曲线”，因为人的生理机能，二十几岁的时候，你可以一天做三份工作，假日还是有力气跟朋友出门玩乐。

但过了三十岁后，你的身体状况就像溜滑梯似的急速下滑，每天都觉得疲惫不堪，却因为正值众人对你有所期望的年纪，你仍然得不断拼命拿出具体绩效与成果，就算发高烧依旧使命必达，为了保住这份薪水，不惜把自己的健康当作筹码。

这让我想起有一次跟朋友吃饭，酒过三巡之后他忍不住开始抱怨说：“年轻的时候以为只要愿意拼，虽然不见得未来可以变成知名富豪，至少也能够衣食无虞；结果每天超时工作导致健康出问题，三不五时就要进医院‘维修’，顿时成了职场劣质品。随着年纪愈大，薪水就跟经济形势一样跌到谷底。”

我的另一位朋友也有类似的处境，他二十五岁时进入一家知名企业的营销部，为了晋升管理职领取更高的薪水，他自愿负责没人想接的烂摊子，还主动拜访旧客户，了解目前是否有相关需求；也积极策划新的营销模式，每天工作时数长达 16 个小时，连假日在家都自行

加班。

熬了 5 年，终于成为营销经理，薪水只多了 400 元，负责的事情却变两倍，一天工作 16 个小时根本不够，于是他几乎把咖啡当水在喝，垃圾桶里满满都是提神饮料的空罐，由于长期作息和饮食不正常，导致他变得焦虑易怒，不仅得罪客户和同事，甚至严重到必须用药物控制，最后结果可想而知，就是老板不留情面地请他走人。

现实就是如此，**除了错误的观念会让人步入“贫性循环”以外，不可逆的生理因素也是让你穷到喝西北风的关键**，不管你曾经替公司创造了多少效益，三十岁后一旦生理出状况影响到个人表现，那么你就得准备面对中年转职的困境，以及领失业救济金的窘境。

其实当上班族没有什么不好，只是死薪水很容易让你在经济衰退的浪潮里灭顶，而且就算再怎么厉害，也没有人能够工作一辈子。如果七十岁的时候，你还要驼着背打卡上班，赚取下个月的生活费，光想想就够让人觉得悲哀了吧。

三十岁正值事业发展的巅峰，同时却也是健康曲线开始下滑的起点，而且每经过一年，下滑幅度都会翻倍，如同复利的威力一样，想要脱贫，你就得寻找更有效率的赚钱模式，比如说，打造一台时时刻刻都能印出钞票的印钞机。

只是，在打造印钞机之前，你必须先转变观念，率先将自己的未来布局在强调知识型与策略型这种非劳力密集的事业领域，并且持续累积相关经验，运用经验法则设计出印钞机的蓝图，如此一来，三十岁后你就能摆脱上班族“钱少事多”的困境，逐步实现“工时少收入多”的目标。

写手和作家、
合音和歌手的不同

我有一次跟朋友在音乐餐厅用餐，现场有A、B两名歌手接力演唱，因为演出很精彩，台下观众都给予热烈的掌声，朋友还开玩笑说唱唱歌就能轻松赚钱，让他真有点儿想转换跑道。

这时服务生却一脸神秘兮兮地告诉我们："这您就有所不知了，别看他们好像很受欢迎的样子，虽然两位都是歌手，但A歌手已经跟唱片公司签约，来这里只是串场打发时间，而B歌手如果不唱的话，这个月可能连泡面都吃不起。"

明明在做一样的事情，处境却像天堂跟地狱般有着强烈对比，有些人可以用轻松的态度演出，但有些人却一边表演，还要一边烦恼下一餐的便当钱在哪里，当然，怀才不遇或时运不济都可以替这种情况做注解，但我必须告诉你，产生这种落差的原因，其实只有两个字，就是观念。

很多人都想成为备受青睐的A歌手，实际上却都是为饭钱拼得死去活来的B歌手，社会是很现实的，不是你有才能就一定可以红透半

边天，不然为什么会有那么多人连自己都养不活？

长期以来，“做一天事赚一天钱”这种领薪水制度，几乎已经深植在每个人的脑海，如果你也跟这些人一样，只顾着把薪水放进口袋里，不懂得将一次性收入转变成系统性收入，那么这种落伍的僵化思维，迟早会让你落进“贫性循环”的漩涡里惨遭灭顶。

以我朋友为例，他的兴趣和工作是写文章，算一算进入写手这行少说也将近十年了，任何企划案、杂志专栏、书籍都是他的写作范围。虽然有点资历，也并不是每个月都有固定的案子可以接，案量多的时候，年薪几十万都不是难事；案量少的话，每个月连政府规定的基本工资都不到。

我问他为什么宁愿当写手，也不愿成为拥有持续版税收入的作家？他说以前也曾经有这个念头，但想到出了书不一定会大卖，版税又很低，与其等待这种不知道何时会入账的钱，还不如当个写手，只要这个月有文章产出，下个月就一定饿不死。

老实说，我替他感到很惋惜，明明就有让钱自己流进来的机会，却因为短视近利，加上不了解系统收入的威力，导致他到现在仍然被贫性循环绑架，不敢生病也不能休息，就怕下个月没稿费领，落得到处借钱度日的下场。

社会上有很多年轻人，和我这位写手朋友没两样，虽然想过舒服的日子，或是成为不必为钱伤脑筋的富人，但一领到薪水，马上就满足于眼前薄薄的钞票，开始天真地以为领死薪水才是最好的生财之

道，完全忘记公司可能会倒，财务经理有可能卷款潜逃，经济上的通货膨胀更是一天比一天高。

假如你现在还是认为当上班族风险最小、保障最高，我可以大胆预测三十岁后，你的财务状况只会越来越糟，尤其有小孩之后，奶粉、尿布、学费，样样都要钱，开销更会大到让你连觉都睡不好。

当然，你或许会认为，就算是月薪4000元的上班族，只要一天存一点儿，总有咸鱼翻身的时候，我非常赞同这种努力不懈的精神，但前提是你必须有正确的观念与方法，否则在你成功之前，可能就先沦落到上街要饭了。

因此，三十岁前你就要看清，有钱人能快速累积财富的关键，不是他们每天多准时上班，也不是为了拼绩效加班加到肝硬化，而是他们对于金钱有正确的认知，并且懂得用更快又有效的方式打造自己的身价。

唯有系统性收入，才有可能让你摆脱贫穷的魔咒。

所以，想要无后顾之忧做自己想做的事，过自己理想中的美好生活，你势必要架构专属于自己的印钞机，让它无时无刻都能替自己印出大把大把的钞票。

这样一来，当大多数人还在期待年终奖金有几个月薪水的时候，三十岁的你早已经脱离这种贫性循环，逐渐走向有钱人才拥有的“富性循环”。

小心！
贫穷是会遗传的病毒

我先跟大家分享一项国外的科学研究，苏格兰科学家帕卡德（Chris Packard）宣称贫穷基因（Poverty Gene）确实存在，不但会遗传给下一代，还会让人丧失努力向上的动力，对生活常常抱持着负面心态，认为自己一辈子大概也就这样了。

虽然这个研究还存有争议性，但就我长期对社会进行观察的结果而言，我确信贫穷真的能遗传，而且是有迹可循的。

可想而知，一定有很多人挞伐这个想法，认为贫穷纯粹是个人行为造成的，跟父母遗传一点儿关系都没有，上一代穷得没饭吃，不代表下一代也会过着三餐吃白饭配酱油的苦日子。

我非常乐于听见这些反驳的言论，表示你还有独立思考的能力，也有往上爬的野心；只是，你一定也明白，家庭教育是人格发展的关键，当父母不断用“钱不必多，够用就好”，或是“稳定的工作才是未来最好的保障”这种观念对你洗脑，要是个性软弱或意志力薄弱，势必就会把这种不合时宜的观念当作救命丹，从此丧失由贫穷谷底翻身的机会。

举例来说，我朋友就是从小完全听从父母教育的乖孩子，长大后不负众望，成为货真价实的穷白领。现在因为孩子即将出生，为了省钱，只好打消换车的念头，每天骑着那辆骑了十几年又常常熄火的老爷车，在车阵中钻来钻去，还得忍受废气污染。

有一天，因为前一天加班太晚，骑车的时候打起瞌睡，不小心擦撞到旁边价值百万的名车，他不断向摇下车窗的车主道歉，心里也很着急，因为烤漆的费用，有可能会让自己好几个月都得做白工。没想到，看起来跟自己年纪相仿的车主完全不在意，挥挥手笑着说这点儿小钱不算什么。

他告诉我，当时只觉得自己跟对方活在不同的世界，心中顿时涌出乞丐遇见世界首富的自卑感，尤其双方年纪又差不多，更让他惊觉自己这三十年似乎都在贫穷中虚度，也开始担心孩子出生后，是否会像自己一样，注定一生为钱卖命。

其实，贫穷是一种从年少时就被根植的如同病毒般的观念，如果父母穷，而且把贫穷的“秘诀”传授给子女，让他们依循同样的方法过活，那他们当然会和父母一样，穷上一辈子。

比如说，父母会告诉你，就算很多名人因为投资致富，你也千万不能跟这种金钱游戏沾上边，因为风险很大，把钱投进去就像肉包子打狗，最好把钱通通拿去定存，只要强迫自己储蓄，就不必担心以后没钱可用。

我必须提醒你，旧思维能派上用场，是因为当时他们生活在旧时代，那时候经济增长率保二根本轻而易举，CPI的上升幅度，也不像现在高到几乎逼得上班族走投无路。

如果你还看不清现实，将这些落伍的理财观念照单全收，我能肯定，你一定当不了孩子们的“富爸爸”。

更惨的是，假如你不只自己继承了贫穷基因，甚至还用父母这一套来教育下一代，那么他们就极有可能变成社会大众口中的啃老族。当你七十岁的时候，可能还要为了发零用钱，每天清晨天才刚亮，就得出门坐在马路旁兜售玉兰花。

只要是为人父母的，都希望可以给孩子最好的生活环境，你一定也不愿意像某个高级车广告的主角那样，以为有机会能够拥有梦想中的豪华轿车，没想到只是因为车主的小孩刚好按下遥控器，才让自己有替他们开车门的服务机会。

面对紧缩的经济，以及持续上扬的CPI，光靠你的死薪水，根本无法支撑生活的基本开销，尤其小孩出生后，你更是恨不得自己可以有分身，这样才能把每个月的收入向上翻两倍。

想变得富有，最好的方式就是打造能够24小时运作的印钞机，但在此之前，首先你要相信，**贫穷虽然是会遗传的病毒，却也不是得了就只能等死的绝症。要勒紧裤带委屈接受，还是突破困境积极改变，选择权永远掌握在你手里。**

或许三十岁之前的经验都告诉你，别做不切实际的梦，但是，只要你愿意修正这种观念上的缺陷，三十岁后，我相信你还是能在社会上保有竞争力，并且让孩子一出生就赢在起跑线，不再成为家族“贫性循环”下的牺牲品。

父母的支持，是看不见的负债

我之前在网络上看见一篇文章，印象中标题好像是月薪4000元的小资族买房不是梦，我因为好奇便点进去想看看有什么过人的秘诀，没看还好，看完之后除了有种被骗的感觉以外，也不禁让我为现下年轻人的无知感到担忧。

文章作者提到自己是月薪4000元的小资男，工作五年之后，终于在台北市买了一套一百平方米[①]、总价400万元的小套房，但其中390万元都是父母支援的，他自己真正负担的只有10万元。

如果你跟案例中的小资男一样，有着口袋深不可测的父母，也认为接受他们的资助是天经地义的事，那么我劝你可以马上放下这本书回家睡觉，因为不想改变的人，真的不需要浪费时间把接下来的内容看完。

---

① 书中出现的土地或房屋面积单位“坪”（用于台湾地区），已改为“平方米”，1坪约合3.3平方米。

我发现身处低薪社会中的年轻人普遍分成两种，一种是认为薪水虽然少，但省一点儿还勉勉强强够用；另一种则是强烈反对工资开倒车，对社会环境变化比较有感。

前者会有这种心态，不是因为知足常乐，而是这些人大多都住在家里，不用面对欺负人的恶房东，也不必交房租，午餐还有妈妈的爱心便当，下班回家只要张开嘴巴就有得吃，连水电费都不关你的事。

但是你没看透的是，父母的支持，其实也是一种负债。

或许你会反驳，自己又没有“借钱”，怎么可能会产生负债，我要提醒你的是，这种误解很可能就是导致你落入“贫性循环”的元凶。

虽然没有主动借钱，但父母负担你的生活开销是显而易见的事实，原本你该支出的部分，全都被他们善意承担，这就是你从来没发现的“隐性负债”，因此，就算一个月只领4000元，你每个月还是照样可以有“假性存款”。

不同的是，如果是银行替你买单，每个月还要加计利息，要是手脚太慢过了还款期限，或是记性不好忘了还款，还会额外向你收取费用；而父母就算包你吃住，天天替你的生活买单，也只会笑着跟你说这些钱不用还。

当你二十多岁的时候，或许还可以用刚入社会这种借口将自己被“包养”的状况轻松带过。但你有没有想过，父母生你养你，总算盼

到你长大成人，好不容易可以开始享清福，没想到竟然还要挖老本来养你，除了没跟他们拿零用钱之外，其实你和啃老族没有任何差别。

我有个朋友，从出生开始就跟家人一起住，到现在三十几岁还是一样。我问他会不会想要搬出去住，这样才有个人的独立空间，他告诉我，住家里没什么不好，而且爸妈也说住在家里只是多一双筷子而已，不会有什么负担。

况且，每个月的薪水才 6000 元，要是住外面的话，光是基本开销就占掉薪水一大半，哪有钱买东西或是跟朋友唱歌玩乐，如果平常上班累得要死，赚的钱却不能给自己用，那么在外面租房子只是给自己找麻烦，所以他压根儿就没有搬出去的打算。

我觉得这种消极的心态，实在是非常要不得，因为眼前的安逸都是父母的给予，并不是你凭一己之力获得的，当然，你想过什么生活我都不反对，前提是必须由你自己的口袋来决定，只要是别人口袋里的钱，对你来说都叫作负债。

像现在很多富二代，都选择舍弃家族企业的光环与资源，宁愿自己出来赤手空拳打天下，因为他们深知，接受家人的援助，对未来的成就并没有太大的帮助，唯有自己开创事业，才是三十岁后立足社会的筹码。

我就曾经听说过某个集团的千金，从学生时期就开始打工存零用钱，大学毕业后没有进入自家企业，反倒因为兴趣而应征甜点店的工作。后来为了实现自己创业的目标，她还利用空档时间进修经营管理的课程，辛苦五年后，新店面终于顺利开张，而且从头到尾连一块钱都没向父母伸手要。

年轻人啊，我真的希望你们不要只会闭起眼睛，窝在家里催眠自己不是啃老族，你现在最该做的是诚实面对薪水无法养活自己并且不足以应付通货膨胀高涨的残酷现实。

如果你在二十岁时就能发现自己的不足，并想办法补强，无论是强化自己的竞争能力，还是培养观察趋势的独到眼光，都能让你在三十岁后，真正迎向独立的人生；否则，当父母不能再成为你的后盾时，你很可能马上就被 CPI 逼得走投无路，穷到连泡面都吃不起。

“贫性循环”像高血压，悄悄地吃掉你的人生

我发现一到假日，大多数的年轻人不是在逛街购物，就是找三五好友一起喝咖啡聊是非，这让我想起郭台铭董事长之前批评年轻人胸无大志，只想着开咖啡店的论点。

当然，假日是自己的时间，要怎么安排别人也管不着，只是，大环境的经济到现在都尚未复苏，步步逼近的通货膨胀压力和一去不回头的 CPI 指数，都是让你的人生陷入“贫性循环”的因素，而只顾着放松休闲的年轻人，准备好面对这个事实了吗？

或许有些人会觉得这种论调是危言耸听，就算每个月领的薪水微薄，只要省着点用，再把电视上那些省钱达人的秘诀学起来，有心的话，想要存到一桶金也不是问题。

虽然很残忍，但我不得不狠下心打破你美好的幻想，因为节流的做法，就像你拥有一罐瓶装水，水量就是那么多，想要存下来，你就必须少喝一点儿，但再怎么少喝，瓶子里的水还是会减少，你能储存的量始终有限。还可能因为放太久而臭掉，丧失了原本的价值，反而

造成自己的损失，让人生悄悄地被贫性循环吃掉。

我有个绰号“守财奴”的朋友，小气了几十年，虽然目前房价非常高，最终还是在前一阵子圆了买房梦。正当他以为自己扬眉吐气的时刻终于到来，没想到父亲却发生车祸，送进加护病房急救。

而且当初为了省钱，并没有替父母买保险，高额的医药费让他措手不及，结果在这个节骨眼儿又碰上老板卷款潜逃，公司一夕之间无预警倒闭，每个月的收入从6000元瞬间变成零。除了向亲戚朋友借钱之外，不得已只好找另一家银行借贷，结果他的人生从此陷入负债地狱，完全没有休息或重来的机会。

这真是令人感叹的遭遇，我只能说，如果他可以早一点儿了解“节流只能治标，开源才能治本”这个道理，现在也不至于落到把人生全部赔掉的下场。

况且，钞票变薄已经是不可逆的趋势，因为现在物价的上涨幅度，早就超过你的想象。比如说好不容易存到买房的首付款，却发现想买的那套房子，价格竟然往上翻了好几倍，加上薪水又没涨，就算你十年不吃不喝，可能连一间厕所都买不起。

或许有人会说，那我不买房子总可以吧，好吧，就算你打定主意一辈子当无壳蜗牛，但你总要吃饭吧，像这种天天都需要的民生必需品，不管有多贵你都得掏钱买。

因此，**与节流比起来，我奉劝你要学着替自己开源，因为开源就好比拥有一个会不断流出钞票的水龙头**，就算你人在国外度假，或是不小心感冒在家休息，钞票一样源源不绝地飞进你的口袋，根本不愁没钱可用。

就像有一次，我在工作日上午到朋友家做客，看见他的儿子悠闲地躺在沙发上看电视，我好奇地问他怎么不用上班，他笑着回答："该上的班，已经在三十岁之前就上完了。"

原来他在二十岁的时候就有创业致富的念头，看准了餐饮这块大饼，决定进入几家知名企业一边工作一边学习，从外场到内场，从客服到营运管理，不断累积自己的经验，同时也深耕自己的人脉。

后来他存到开店准备金，找了几个志同道合的朋友一起创业，前期虽然辛苦，但他们都想办法一一克服了。

之后他不但开了好几家门店，甚至还有人捧着钱来寻求加盟机会，所以现在他就算每天睡到自然醒，账户依旧会随时涌进大把大把的钞票。

我希望你三十岁后，也能像我朋友的儿子那样，不必天天被账单和债主逼得喘不过气来，因此，你必须开始舍弃安于现状与不思改变的观念，不要再像温水里的青蛙，浑浑噩噩地在“贫性循环”里过着每一天。

二十几岁不只是生理上的黄金岁月，也是成就未来事业的黄金十年，别让自己到了三四十岁才一边负债一边悔不当初，自己的人生掌握在自己手里，想摆脱吃掉幸福人生的贫性循环，就从改变观念并采取行动开始吧。

PART 2

高 CPI 和负利率时代，是个不断蔓延的沙漠

穷人都是
埋头苦干的傻子

我曾经在网络上看到某家科技公司开出软件开发工程师的职缺，不但直接表明是6个月的实习期，更过分的是在这期间完全不支薪，唯一的奖励是工作满6个月后，会发给你一张用打印机印出来的表扬证书，而且连过塑都嫌麻烦。

当然，很多网友看见这种苛刻的条件，都忍不住痛批企业主实在太恶劣，但是我必须告诉你，CPI就像发狂的野兽，而资方在营运成本攀升的状况下，为了维持既有的利润，不得不出此下策，就算牺牲员工的权益也在所不惜。

因此，我希望二十几岁的你要学着认清，努力就有收获的时代真的已经过去了，如果你还以为只要埋头努力，就能获得上司的赏识与高薪，还可以存到几十年后的养老金，那我即使不会算命也可以告诉你，三十岁后，你有非常高的概率，会成为M型社会里的穷人一族。

常常有人问我："为什么我这么拼命，却还是比别人穷？"

老实说，把"埋头苦干"和"变成有钱人"画上等号，本来就是一个错误的观念。就算你做一百件事，每个月领的薪水也跟做十件事的同事一样，因为重点根本不在于你付出多少努力，而是就算你再怎么使命必达，公司在发工资的时候，连一块钱也不会多给。

当你二十几岁的时候，身旁的长辈和职场前辈，甚至连你都在催眠自己："现在做的一切都是替未来铺路，薪水多少不重要，学到经验就算赚到。"所以你就像不会累的机器人，就算三天不睡觉也要把上司交代的事情做完，你以为自己学到了什么叫作责任与效率。

年轻人啊，我要提醒你们，别傻了，并不是靠着责任和效率这种空泛的词汇，就能像那些有钱人一样坐拥豪宅，每天由司机开着名车接送，其实，致富的关键是他们懂得打造时时刻刻都能印出钞票的印钞机。

与穷白领只会傻乎乎地埋头苦干相比，有钱人选择了更聪明的生财之道。他们不像上班族是用自己的劳力赚取每个月的薪水，而是用很多人的劳力替自己赚钱，用"持续不断的收入"取代"一次性收入"，两者从收入结构上就有显著的差异。

有一次我走在路上突然被人从后面叫住，回头后却认不出对方是谁，等她说出名字后，我才发现原来是以前公司的总机小姐。

我开玩笑问她是否做了什么微整形，因为和以往比起来，整个人不但气色变好，人也变漂亮了。她笑着告诉我，以前当总机小姐的时候，被大家像奴才一样使唤，把事情做好没人会感谢，不小心出了差错就心惊胆战地等着被痛骂一顿。

那时候她不明白，为什么只为了那一点点的薪水，就要把自己搞得这么卑微又狼狈，而老板每天轻轻松松，甚至不用进公司，口袋里的钱，却是大家薪水总和的好几倍。于是她开始研究财经信息，也花时间阅读很多相关书籍后，她终于了解，这就是“系统”的威力。

后来她看中团购商机，邀了几个朋友一起创业，虽然初期跟上班族有得拼，不仅得天天加班，还要吃客户的闭门羹；但随着合作厂商渐渐变多，客源也变得稳定，她开始放手让旗下员工运作，更聘请有经验的经理人来掌舵，于是她正式进入有钱人的世界，就连做 SPA 的时候也有钞票自动飞进口袋。

这让我想到“老板只能给你位置，不能给你未来”这句话，如果你一直像这位总机小姐以前那样，不抬头面对现实，总是低头安于上班族这个职位，那么大量的工作只会让你没时间替自己的未来做打算。

因此，你不只要有工作计划表，还要有“致富规划表”，确实订出打造印钞机的时程表，并列出必须要具备的技能，想办法在工作上学习，或是下班另外花钱学，总之千万别让自己每天空转，最后成为“贫性循环”的最佳代言人。

总之，**“工作时间与薪水成正比”这种不切实际的观念，你在二十岁的时候就该把它舍弃，否则三十岁后，你只会愈忙愈穷**，更惨的是，辛苦大半辈子存下来的钱，一夕之间就被通货膨胀和 CPI 吃掉，最后你就只能睡在路边懊悔“早知如此，何必当初”。

富人的财富，都来自非劳务收入

网络上曾有一则帖子，说的是工程师不满地问鸿海董事长郭台铭，为何拼命的是他们，首富却是郭董？

同样，许多上班族也曾问过我，为何同样是人，但是富人或老板的24小时，不是打球就是品酒或听音乐会，他们却是拼命加班吃泡面？

我想，答案是什么，大家都知道。

然而，许多企管或财经系毕业的年轻人，就算知道商业的运作模式，以及未来是CPI高涨的年代，他们还是穷忙族。由此可见，如果你想脱离穷忙，像有钱人或老板那样过生活，光是头脑知道，根本不够。

有个上市公司的老板告诉我，说他近十年来，共换了六个特别助理。

前面四个特助，每天跟在他身边，看他和有钱人打球、玩名车、买精品，住的是半山腰拥有无敌美景的高档别墅，度假的地方也是伫立在海边的顶级木屋。

几年后，他们彻底想通了，也立志要和老板一样，通过建构一个或多个系统收入，也就是全自动的印钞机，来让自己拥有财务自由，尽情地享受人生。

于是这位老板就投资他们开公司，并和他们在业务上建立合作关系，不到几年，这四个特助终于脱离穷忙白领生活，晋升有钱人行列。

然而，后来的两个年轻特助，同样是每天跟着老板吃香的喝辣的，结果他们最在意的，竟然是自己的薪水和手机话费补贴，还有偶尔陪老板接待贵宾或应酬到半夜时，要求老板补贴出租车费和误餐费。

老板叹了口气，对他们不懂掌握机会，把老板的人脉好好收入自己口袋，以及不努力把老板做生意的手法和要诀学起来，却只在乎薪水这种死收入的想法，感到不可思议。

有一天，老板问他们两个，对未来有什么规划和抱负?

有一个特助表示想存钱买套房，另一个则说他没想那么多。

老板听了，顿时觉得和他们对话实在是浪费他的时间。加上这两个特助，平常表现最积极的时刻，不是和老板出去谈判或打球做公关，而是在办公室里和女同事们打情骂俏。当老板的秘书向他汇报后，他只好把这两个特助开除，重新找人。

后来，听秘书说，那两个被开除的特助，其中一个竟然跑去公司附近的便利商店上班，另一个则是窝在家里，让爸妈孝顺他。

更糟糕的是，他们两个都已年过三十岁。

当你知道光靠薪水根本买不起房子，也无法拥有财务自由时，你还是只会酸骂有钱人只知道赚钱，在网络上对那些丑化有钱人和老板的漫画点赞，而不对自己的穷酸观念做任何改变，或是对自己的行为和收入做任何调整，那么，你实在没资格问有钱人和老板，为什么你一天 24 小时穷忙到拼命时，他们却能继续过着奢华和惬意的日子。

真正的有钱人，不只是拥有很多钞票而已。

我有位远房亲戚在菜市场卖干货，他也很有钱，每天收现金，房子也买了好几栋，只是他的房子都还在还贷款，他每天至少要工作 12 小时以上，浑身脏兮兮的，收工回家往往累到不洗澡就上床睡觉。

我问他，有了钱为何不好好享受日子？

他却说，他如果不每天拼命工作收现金，他那些房子就要断供。虽然他每天都抓着一大把钞票睡觉，但他不是真正的富人或财务自由者。

真正的有钱人拥有的财富，必然是来自“非劳务收入”，他只要每个月花几天时间去公司开会，下几个指令，剩下的时间，就是随心所欲地享受人生。

因此，不管他是在打球还是品酒，玩车还是出国旅游，他的印钞机仍然日夜不停地为他增加财富。

这才是真正的有钱人，**他们是钞票的主人，而不是钞票或房地产的奴隶。**

有钱人的财富，都是来自“非劳务收入”。即使你早已知道这个事实，你仍要好好反思，为何你现在仍然陷于穷忙的泥沼里？

等你真正想通了，真正开始行动，你才有机会摆脱穷忙，以及躲过高 CPI 追杀，成为真正的有钱人。

太在意薪水的人，都是不爱钱的人

在职场打滚几十年来，我发现一个很荒谬的现象，那就是，往往那些爱计较薪水多几百，或犯错造成公司损失也不愿被记过扣薪的人，表面上看起来是很爱钱的人，实际上却是把未来更多钱和财富往外推的笨蛋。

相反，真正爱钱、真正拥有财富自由的人，他们的惊人收入，都不是来自薪水。

从前有个穷人，一心只想去工厂赚点薪水过日子。有一天他到河边洗碗，发现水里透出炫目光点，他伸手去捞，才发现河床里散着一堆彩色玻璃弹珠。

于是，他把玻璃弹珠拿起来装进口袋，再把它们一颗颗丢到水里。他听着弹珠掉入水中的咚咚声，觉得很好玩。

第二天，他回工厂上班，在换工作服时，他口袋中仅剩的一颗弹珠掉了出来。这时，站在他身旁的大叔看了，捡起来怔了半天说不出话来，后来才直呼这是价值不菲的彩晶宝石。

原来，这位大叔以前曾在银楼打工，所以知道这个宝石的价值。突然间，穷人放声大哭起来，因为他认为的彩色弹珠，竟然是如此珍贵的宝物。

同样的道理，对于那些年轻的穷白领来说，他们眼里只认得薪水，却认不出工作技能和经验才是真正价值不菲的宝物。

三十岁前累积经验和工作技能的人，就能在三十岁后，把口袋里的珠宝兑现成惊人的财富，而且，这些珠宝是活的，大珠宝会再生小珠宝，小珠宝会再长成大珠宝。

然而，三十岁前只知道累积微薄薪水的人，三十岁后才会发觉，自己过去竟然笨得把价值连城的珠宝当成玻璃弹珠去玩打水漂。

很多三十岁的年轻人告诉我，在这个凡事都需要钱的社会，只有手上握着薪水和钞票，才有安全感和存在感。

不幸的是，他们看不透，**他们的薪水根本不算是财富，充其量只是出卖时间和心力，换回来的一把把不停贬值的纸钞而已。**

事实上，在这高 CPI 和负利率的时代，纸钞根本不等于钱，纸钞只是钱的一种表现形式。

真正的钱是不停地变大或缩小的，它的价值，是每天都在浮动的，甚至在这个时代，是每天都在贬值衰老的。

如果你看不透钞票这个东西的真面目，看不透经济学的原理，你根本就无法真正认知到“钱”的真义，你如何去真正爱“钱”呢？

如果钱是一条活鱼，那么，钞票只是一条鱼干。

有钱人早就看透这一点了，于是，为了拥有很多鲜活的鱼，他们宁可花几年的时间和资金去建造一个鱼池，在里头繁殖着许多的活鱼。

当他们心血来潮，想抓一条活鱼来煮汤，只要去池子里捞就有，捞了一条鱼，池子里还会生出更多鱼苗，如此源源不绝的活鱼来源，就是他们财富永不匮乏的关键。

而那些手上紧紧握住鱼干的人，就算把鱼干丢到池子里，也终究是鱼干。

当他们吃了一条鱼干，就少了一条，吃完了鱼干，就只好再去出卖老命换鱼干。

爱钱不是罪恶，有钱人也不是罪人。

如果你真的不想一辈子被钱困住，不想一辈子因为钱不够用而苦恼，那么，你就应该在三十岁前，让自己成为真正爱“钱”的人，而不是只爱薪水和钞票的笨蛋。

话说回来，如果你只想紧握钞票，斤斤计较薪水少了几块钱，不肯花钱投资自己，去多学技能或拥有专业证照，甚至不肯在职场里多做、多学、多看，用心提升自己的竞争力，让自己成为不停增值的珠宝，那么，不仅是三十岁后，甚至到四十岁或五十岁，你也只能把鱼干切成更多小块，苟延残喘地走完人生路。

你付出的是价格，得到的却不是价值

说到投资理财，许多穷白领或外行人，往往搞不清楚价格和价值的区别。然而，这些人又满脑子妄想和别人一样，以小博大或一本万利地捞钱致富。结果就是，付出一堆血汗冤枉钱后，只买到一些垃圾或废物。

我有个远房亲戚的儿子，是个刚进入社会的新人，每个月薪水不过 4000 多元，听到人家对他洗脑，要靠投资股票才会脱贫致富，远离上班的苦日子，这个又穷又傻的年轻人，就信以为真地向父亲借了 4 万元投入股市，下场当然是进去当炮灰，白白把父亲的退休金，送给主力炒手当零用钱。

原因何在?

因为他根本不懂得股票的价值在于股票的基本面，包括公司体制和长期获利能力，而不在于股价。他只听同事说某支股即将谷底反弹，就不知死活地把钱投进去，就这样，短短几天时间，那只股票不但没有反弹，反而是像自由落体般，跌进热锅里成为水饺股。

同样的悲剧，是我同事演出的。

他在三十岁前，就学人家置产，准备多年后靠着房价上涨，大赚一笔。

然而，现在快四十岁的他，却摇着头叹气说，他终于把那栋鬼屋贱价卖掉了。

我问他赚了多少钱?

他万念俱灰地说，他十年前用60万元买进，十年后却只用5万元卖出，亏了多少钱，他要我自己算。

我实在好奇，他到底买到什么房子？买在哪里?

原来，他真的是想钱想疯了，竟然中了开发商的计，跑去桃园乡

下，在一片鸟不生蛋的草丛中，买了所谓生态度假小区的景观房。

可想而知，那个小区没有便利店，没有学校和公交车站，甚至连路灯都没有，除了当鬼屋外，我想连流浪汉也不想搬进去住。

很显然，这两个人，都是蒙着眼睛乱花钱，去买一些只有价格却没有价值的垃圾和废物。

我不否认，很多有钱人都是靠投资股票（不是投机）和买卖房地产致富的，包括巴菲特在内，然而，他们都是看得懂投资标的物是否有增值、是否有投入资金持有价值的专家。

例如，我说过，如果是投资股票，就要学巴菲特去看股票的基本面，要看长期的稳健表现，而不是去在意一时的价格。

房地产也是，大家都说房产可以抗通货膨胀保值，甚至在CPI越来越高的年代，还可以增值致富，这个说法也没有错。

但是房产的价值也是要看基本面，例如地段、建材质量和周边配置等，有了这些条件，才有增值的可能。

可悲的是，这些理财的外行人和年轻穷白领，连第一桶金都没个影子，就要学人家去投资，说难听一点儿，就算你眼光精准，买股、买房全都中奖，凭你的微薄薪水或到处向人借钱的额度，所赚的也是很有限的，顶多一年赚个几千元，但这是祖上有德、福报满分的人才有的机运。

否则，只要全球市场有什么风吹草动，或是银行升息，你的房子就会变成压死你的稻草，你的股票也只能拿回家当壁纸。

大家不妨想想，当你没有闲置余钱，当你没有持续收入的印钞机源源不绝地提供资金让你有本钱在股市、房市亏点钱，还撑得住不跳楼，你只能把吃饭钱或房租拿去赌，赌到了，顶多赚到一点儿饼干屑，输了却要倾家荡产，这样的赌盘划得来吗？

再者，如果你三十岁前仍看不清价格和价值的差别，那么，你在股市、房市、基金、外币或期货等赌盘里输掉人生的概率是百分之百。

总之，世上只有穷人和笨蛋才会以为自己付了10万元买到的东西，就永远有10万元的价值。也只有穷人和笨蛋，才会以为自己买了股票或房子，就等于在理财和投资。

希望你在三十岁前，不会做这些穷人和笨蛋才会做的傻事；也希望你在三十岁后，真正搞懂：**你付出的只是价格，你未来能得到什么，才是价值。**

薪水制是穷人的母亲

我曾经听过一个说法：整天都在上班的人，是没有时间赚钱的。

这句话与《有钱人想的和你不一样》一书的作者在接受台湾媒体采访时所说的一句话有异曲同工之妙，那就是："太害羞和太勤劳的人，往往是赚不到钱的。"

为什么勤劳的人没饭吃？说穿了，就是受限于薪水制的枷锁。

现实生活中，绝大多数的穷人都得靠每个月工作劳动才能领到固定薪水来过活，这是他们唯一的收入和食物的来源，就像婴儿必须靠着母亲供给固定配额的奶水，才有办法生存下去。

然后，直到某一天"母亲"断奶了，你才惊觉，原来自己过的是没有明天的生活。

前几年，因为工作的缘故，我结识了一个业务员，经常听到他说要带着全家人一起去欧洲自助旅行，但是嚷嚷了四五年，直到现在还是没有成行。

因为业务员的工作性质，他必须一接到客户的电话，就马上提供

服务，然而，去欧洲旅游最起码也要有两个礼拜以上的假可休，他苦笑着跟我说:“现在这个形势，客户只要流失跑单，下个月的业绩奖金就完蛋。”

实际上，就算你花上更多时间在工作和跑业务上，也不会为你换来自由和财富，只会加深你对薪水制的依赖程度，把你的收入和未来全都绑在一起。

据统计，从二十五岁工作一直到六十五岁退休，每一百个人里面，大约有 95% 的人最终生活会落入贫穷。

这九十五个人当中，除了死亡的以外，有五个人必须在六十五岁以后继续工作，十二个人濒临破产，更有将近 50% 的人，必须靠着社会救助金才能生存下去。

我先前待的一家公司，为了节省人力成本，通过派遣公司找来一批派遣人员进来，其中有一个不到三十岁的年轻人告诉我，他给自己的目标就是，只要再工作三十年，到了六十岁可以安稳退休，他就心满意足了。

然而，依照他每个月薪水不到6000元的情况来看，我认为他可能还没熬到退休的年纪，就已经提早落入贫穷的开端。

试算一下，假如你一个月的薪水7000元，努力工作三十年，可以赚到的钱还不到300万，交完了各种税，解决了买房与买车的需求，再把CPI和通货膨胀率加进来，剩下的钱能不能养活你自己度过余生，可能都是个问题。

更不用说，很多派遣工作都是做一天工作，领一天薪水，没有年假，没有三节奖金，也没有年终奖，但是有些年轻人却觉得无所谓，他们认为，比起正职，派遣只不过每个月少领一点儿钱而已。

我相信，这个世界上绝大部分的人从二十几岁开始，就很努力地工作，而靠自己的双手和劳力挣饭吃，绝对是一件值得尊敬的事；然而你终究不是钢铁人，不可能一辈子都像陀螺一样，永无休止地运转劳动着。

试想，假如你有一天生病了，老板不可能会告诉你："因为你过去这一年表现很出色，你就好好地休个长假吧！放心，公司会照样付你薪水。"

事实是，当你面临必须休长假的状况时，老板为了好管理，也怕拖累工作进度，必定找人补你的缺，而你只能像一次性筷子一样，被人用过就扔掉。

其实你也别怨老板现实，当你必须看人脸色吃饭的时候，本来就是受制于人，就算你对升官加薪没什么野心，也不可能安稳地过着

“当一天和尚敲一天钟”的平静生活。

如果你只能靠着每个月的固定薪水才能维持生活，要是哪天没办法上班或是被社会淘汰，你的生活很有可能会瞬间归零。

当你的收入属于“劳务型所得”的时候，说实话，你赚到的永远只有当天的薪水，就算拼了老命加班，也没有办法先赚下个月或是明年的收入，你顶多只能安慰自己，说自己只是手边暂时不缺钱而已。

穷人和富人之间最大的区别，不是谁生下来运气比较好，或是富人的祖先葬在风水宝地，而在于两者收入结构的不同。穷人把青春和体力都押注在同一份工作上，而富人则是建立一套持续性收入的系统，逐渐取代日常的劳务所得。

一旦你习惯只依存在薪水体制底下过活，即便你不吃不喝地熬夜加班，每天燃烧小宇宙替公司卖命，你也不会把财富和地位推向高点，反而只会把自己死锁在穷人的深渊里，无法翻身。

TOP TIPS

现代人的“西西弗斯困境”

在古希腊的神话中，大力士西西弗斯（Sisyphus）是工作之神的代表。

有一次，天神宙斯惩罚犯错的西西弗斯，让他每天清晨将一块巨石从奥林匹斯山的山底下推到山顶。然而在黄昏之前，巨石抵达山顶的那一刻，石头会自动滚落到山脚，于是西西弗斯只能日复一日地重复同样的工作，永无解脱之日。

在希腊人的心中，西西弗斯所受到的惩罚，是最难以承受的惩处方式之一，因为对他们来说，这个世界没有比一再重复做徒劳无功的事，或是反复进行一个毫无希望的工作更可怕的事。

从上班族领死薪水的角度来看，每个月领固定薪水，在工资倒退、钞票贬值、物价持续上涨的通货膨胀效应之下，有些人甚至开始过着负债生活，每个月不断恶性循环，但他们仍甘愿继续过这样的日子，这和被惩罚的西西弗斯没有两样。

现代人早已身处“西西弗斯困境”之中，不管你多么努力认真工作，一旦薪水被CPI淹没，当你再也无计可施的时候，继续领死薪水也只是在浪费时间做白工，光靠着劳力工作，一辈子都不可能逃脱这场梦魇。

加薪只是一种安慰剂

上班族最期待的两件事，就是休假和加薪。我听过很多公司“号称”一年有两次加薪机会，其中一次是根据今年的 CPI 指数来决定加薪的幅度，另一次则是根据员工的绩效而定。

然而，大多数人都不知道，就算真的一年加薪两次，你账户里的钱有可能不但没有增加，反而还被倒扣。

所谓的加薪，绝对不是帮助你改善财务状况的一帖良药，充其量是一块巧克力，只能稍微安抚你心情的安慰剂，可是巧克力能够拿来当正餐并足够养活你吗？

我认识一个在汽车业上班的、年纪三十岁出头的白领，他们公司一向比其他同业都更早宣布调薪，每年调薪的幅度“高达”3%~5%，每次加薪的消息一宣布，全公司上下的同仁无不奔走相告。

能够加薪，当下的心情当然兴奋，但后来这个朋友仔细一算，其实每个月薪水大概也只增加 200 元左右。

后来他苦笑着对我说：“每次别人听到我们公司今年有加薪，都会鼓噪说要请客，但是现在的薪水和物价，已经连填饱肚子都快成问题了。”

过去我待过的一家公司，任职三年从没有加过薪，有天公司突然宣布去年有赚钱，决定从这个月开始给大家加薪，消息一宣布，大家欢声雷动，但是发薪日打开工资条一看，大家都愣住了，因为实在看不出加了多少薪。

于是，有人把上个月的工资条拿出来一比对，“精算”出公司的加薪幅度，结果竟然连 30 元都不到，在这个年代，30 元能干什么?

也许有些人会说:“老板肯加薪就不错了，最起码生活不无小补啊！”实际上，当你的加薪幅度跟不上 CPI 上涨的幅度时，你每个月户头多出来的几十元，在你还来不及从提款机取出来前，就已经被通货膨胀这只看不见的巨兽吃得连渣也不剩。

如果你以为加薪值得高兴，那就错了。假设今年 CPI 指数上升了 5 个百分点，就等于你今年的薪水必须“至少”要跟着加薪 5% 以上，你的收入才有可能跟去年持平，否则，无论你再怎么做牛做马，还是落进一个变相减薪的状态。

事实上，我们每个人都活在一个生活必需品不断涨价变贵的世界，CPI 就像是被打出墙的全垒打一样，只会继续往前，永远不可能回头，这是非常残酷又不得不面对的现实。

记得不久前，我和朋友相约在一家知名连锁快餐厅吃饭，发现几天前只要花 20 元就能吃到的餐点，现在竟然要花 23 元才吃得起，相当于我手中的这份“超值套餐”，这个月比起上个月，一口气涨价了 15%。

或许你光看 CPI 和缓的数字变动，感觉不痛不痒，你可能对 3% 还是 5% 没有太大的感觉，但是当你翻开和生活息息相关的衣食住行等统计数字来看，你就会发现，原来公司每年帮你加薪的那 200 元，根本只是杯水车薪而已。

因为根据统计，在过去十年之间，光是食物的价格就上涨了 104%，就连能源的价格也上升超过 3 倍。当食品和能源价格飙涨，连带会造成通货膨胀，无形之中，我们的薪水每天都在贬值。

再者，现在的大学毕业生，大多选择继续升学，很多人等到研究所毕业出来，早就已经年过二十五岁，甚至年近三十岁，这时候才投入就业市场，往往会面临一个收入不上不下的尴尬处境，这不只是比别人少了几年的工作经验，还有通货膨胀的严厉考验。

现在的你二十几岁，进入职场工作才几年，一切都还在起步的阶段，在基层学习和磨炼的确是有必要的；只是，不要把追求加薪作为未来工作的唯一目标，并且期待光靠公司每年调薪就能让你致富，因为一旦加薪幅度不足以对抗通货膨胀时，就是你成为“青贫族”的开端。

我常常听到身边的人说，快餐店涨价，我不要去吃就好，反正还有其他食物可以取代；油价变贵就改乘公交车，不要自己开车就好。

然而，通货膨胀已经是不变的趋势，你不能因为食物太贵就退而求其次，改吃不健康的泡面减少开销，或是油价太贵干脆走路上班，那么电价太贵，难道你晚上要改点蜡烛过活吗?

你该想的是，如何踏上让收入足以对抗通货膨胀的道路，而不是让 CPI 把自己的生活逼到退无可退的地步。

节俭的确是美德，努力工作求表现以争取加薪的机会也没有错，只是如果你的观念还停留在省吃俭用，还有被动等待加薪的阶段，那么就算我不会摸骨看相也能断言，三十岁之后，你能摆脱穷忙的机会几乎是零。

月薪超过2万，不是穷人，但也只算是“贫民”

金融风暴过后，有家媒体曾经做了一个调查：如果今天公司突然宣布裁员，你认为你现在所拥有的技能，能让你继续在职场上生存下去吗？调查结果显示，有六成的人认为“有困难”，而其中竟然不乏许多位高权重的财务总监。

调查更显示，金融风暴后，许多过去手握数十亿上百亿的财务总监，有不少人也“沦落”为派遣临时工，即便他们当时的身份是月薪高达 2 万的“高级白领”，仍旧不敌大环境的摧残，大浪一来，一样得去派遣公司报到。

很多二十几岁的年轻人，对工作的梦想是“年薪百万”，仿佛只要薪水达到这个指标，就能成为身价百倍的富翁，事实上，所谓的“年薪百万”，很多只是表面上看起来风光而已。

要知道，富人从来不会把得到一份高薪的工作当作累积财富的聚宝盆。

不久前，我听到身旁有朋友在谈论，他的亲戚找到一个在电视台的派遣工作，没有三节奖金也没有年终奖，有时候连双休日都有困难，每个月的薪水扣完社保只剩下4000多元，而电视台谈话节目的名嘴和主持人，每一集的主持费和通告费就等于他一个月的收入。

虽然这是个听起来会让上班族感到心酸的贫富差距，但是，一天就能领个两三万的名嘴们，也不会光靠着每天进棚录像就能致富，相较于普通上班族，他们只不过是时薪很高的打工仔而已。

其实，这些名主持人和名嘴们除了享受成名滋味之外，他们同样得看老板脸色吃饭，也一样是被薪水制踩在脚下的人，和你的生活本质上没有什么不同。

引起很多上班族热烈讨论的日剧《派遣女王》，女主角到各家公司当约聘人员，虽然只是派遣人员，但是她的时薪却比普通上班族高出数倍，因为只要公司发生任何危机，她一定能有办法解决，比正式员工还“好用”。

然而，她争取工作权益的态度非常强硬，而且每工作3个月就让自己休息3个月，每天工作8小时，准时下班绝不加班，只办理直属上司交代的事务，不做其他多余的事，也拒绝任何社交应酬，她的想法是：“只要有生存技能，到哪里都能随心所欲地生活下去。”

电视剧中的女主角，是专业又无所不能的英雄形象，但是，就算身怀十八般武艺，月入数万又如何？她的高收入，其实一点儿都不值得上班族羡慕。

女主角看起来好像获得工作支配权，可以不用照着职场的游戏规则走，但实际上，她并没有获得真正的自由，因为她的收入，依然属于拿水桶辛苦装水的“劳务型所得”。

换句话说，就算女主角再厉害，永远都只是在赚今天的薪水而已，一旦哪天她遭遇意外变故，或是当她的体力下滑，渐渐无法负担劳动的时候，即便手上握有再多张的证照，生活一样落入万丈深渊。

我有一个工程师朋友，常常跟我抱怨公司很不厚道，在别人眼中，他是三十多岁的科技新贵，有着美好的未来，但实际上，在科技业工作不但年薪被腰斩，连公司员工分红也取消，因此RD（Research and Development，即“研发”）又被戏称为“Ready to Die（准备去死）”。

他很无奈地告诉我：“我每天辛苦工作加班十几个小时，换算下来的时薪，可能只比公司助理小妹高一点儿而已。”

这些年薪几十万的上班族，平常拼了老命加班工作和出差，连买套像样的房子都快喘不过气来；明明已经拿到硕士、博士学位，该考的证照也到手，但仍过着缺乏安全感的生活，就算想拿一部分薪水理财，但根本摸不清楚投资标的，想要享受财务自由的人生，根本遥遥无期。

诺贝尔经济学奖得主阿马蒂亚·森曾经说过：“没有选择的自由，就是贫困。”当你已经习惯跟着工资规则走，就算给你年薪百万的工作，你也很难翻身变成有钱人。

为什么巴菲特三十年来都只领一年10万美元的薪水，但财产却高达数百亿美元？这告诉我们，**一个人绝不会因为坐上“高级白领”的位置而致富，一切只在于，你是否拥有一台全天候自动运转的印钞机。**

如果你没有能够在三十岁之前，参与或开始打造一个可以创造持续性收入的系统，一心只想要“逐高薪而居”，那你很有可能在三十岁之后，被一波不知何时会发生的经济或金融危机打入地狱，过着只求维持三餐温饱的“贫民”生活。

拥有房子，不见得就是“有产阶级”

现在经常听到开发商鼓吹年轻人要买房子，他们会告诉你：“每个人都要有自己的一套房子，你每个月交房租，最后这些钱还不是被房东赚走，你总不可能一辈子租房子吧！”

听起来很理所当然的一番话，实际上，你签下购房合同的那一刻，并不代表你晋升为“有产阶级”，相反，你是提早落入无法翻身的“青贫阶级”。

如果你现在是一天不工作就没有收入的人，当你遇上无薪假或是失业等意外，交不出房贷的那天，除了房子落得被拍卖的命运之外，这几年你交给银行的利息，可以说是白白奉献给对方。

然后到头来，你才发现原来自己不是在成家，而是在做慈善家。

不久前，我朋友住的大楼隔壁搬来一户新邻居，对方是一个三十岁左右的上班族，月薪8000多，他说，房价只会越来越高，趁现在还没冲到最高点之前，赶快先买一套下来，有了房子，也才更有动力冲刺事业。

对很多人来说，拥有一套自己的房子，绝对是理想的人生蓝图，然而，我帮他估算了一下儿，他每个月的薪水有将近70%是交给银行，从他决定买下这套房子的这一刻起，就注定了未来30年的时间，他每天都在帮银行和开发商打工。

虽然他看上去收入还不错，也买了房子与车子，但就我所知，他平常的生活质量和穷大学生一样，连周末和朋友去KTV唱歌都算是奢侈的消费行为。万一发生紧急状况，户头根本没有多余的现金可以拿来应急，甚至到了月底还得勒紧裤带，吃几餐泡面来度日。

以这个年轻人的例子来说，他每个月的收入被房贷吃得死死的，也别想谈什么理财，因为根本没有财可以理。

我曾经看过一个有趣的统计数据，如果你二十二岁大学一毕业就开始工作，你必须连续交上64年的房租，才能买得起一套自己的房子。

除非你健健康康从来不生病，而且还能长命百岁，否则讲现实一点儿，你可能到老死之前，都还没能完全拥有一间真正属于你的房子。

拥有一套属于自己的房子当然很好，然而长期下来，你只是每个月不断交房贷和利息给银行，而且还要祈祷自己的收入一年比一年高，否则钞票越来越薄，贷款占你收入的比例越来越重，最后只会落到吃泡面养房子的悲惨命运。

假如你没有富爸爸或是中乐透，手边也没有一笔可观的自备款，只是一个靠自己双手打拼的上班族，那么现阶段，租房子绝对是比买房子还要有利得多。

也许有些人打着这样的如意算盘：我现在先买房，再转手租给别人，这样等于有人每个月替我交房贷，几十年之后，房子还是属于我的。

但是，除非你手边已经有现成的土地和房子，否则当包租公或包租婆的日子，也未必有你想象中的那么美好。

举例来说，如果租金收益率仅1.5%，但银行房贷利率却高达2.5%，等于你买房子租给别人，还要自己贴钱才能打平贷款，再加上屋龄和屋况只会随着时间而折旧，你就算拥有房子，也只是在无形中为自己增加了更多债务。

买房之后，你要烦恼的不只是房贷，还有买房之后的"维护费用"，以及永远无法停下脚步的CPI。

千万别天真地期望，靠着银行1.5%的定存利率或是公司每年调薪，就能救你脱离贫穷的苦海深渊。

作家韩寒曾经说过："房子剥夺了一个年轻人的理想。"从我的角度来看，房子不只剥夺了一个人的梦想，最重要的是，它还绑架了你未来几十年的生活质量。

三十岁的你，现在选择过着租房子的生活并不丢脸，但也不代表你就此解脱，就能享受财务自由的人生。

你必须要想办法获得更高的收入回报，让手边的资金从"随时会

打翻的水桶”，慢慢拓展成“源源不绝的水库”，这才是治本的解决之道。

当你拥有一套全天候不断电的系统为你赚钱，此时再买房，它才不会成为让你喘不过气来的负债，而是真正属于你的资产。

TOP TIPS

银行利率负增长

当银行存款利率低于居民消费价格指数，两个数值相减呈现负数，即所谓的负利率（实质利率为负数）。

这里所指的存款利率，一般是以一年期定期存款的利率作为指标，台湾均采用台湾银行一年期定期存款的挂牌利率，减去居民消费价格指数年增率来计算实质利率。

近三年来，台湾已经出现三连负的负增长情况了。

事实上，不仅台湾面临负利率窘况，全球负利率时代也已来临。

由于通货膨胀的情况无法改善，加上经济持续不增长，居民消费价格指数快速攀升，银行存款利率无法调升，钱存在银行领到的利息将不足以应付物价涨幅，让钱愈存愈缩水，连本金都会被吃掉，自然产生了穷人。

社会财富分配不公的现象日渐明显，以后可能出现“穷得只剩下存款”这类无奈的社会现象。

而负利率对整体社会的影响，不只会蚕食人们的消费能力，也会直接或间接使资金流向股市、期货、房地产等，助长泡沫化的可能，亦是一大隐忧。

这个时代，
每个人都口渴却又渴不死

现在这个年代，工资不但赶不上物价上涨速度，甚至还出现倒退的窘况，这让二十几岁的年轻人充满了无力感，很多年轻人告诉我，他们就像是拼了命地游，却怎么样也游不上岸的“青贫一代”。

除了薪水低之外，更悲惨的是还有助学贷款要还，有个三十岁的年轻人跟我说，这几年光是为了还助学贷款，还有交保险等费用，他一个月不吃不喝就要4000元，5000元的月薪完全不够用，“幸好”他还住在家里，否则如果在外租房，他简直不知道该怎么活下去。

即便不吃泡面，他也只能省吃俭用，吃一些便宜的食物果腹，路边摊的卤肉饭与夜市的10元面包，就是他餐桌上最常出现的食物。

“物美价廉”这个名词，本身就存在着误解，因为任何事情都有相对应的代价。

当环境逼得穷人买不起高价食物，只能吃便宜食物的时候，厂商为了降低成本，就开始生产黑心布丁和永远不会融化的冰淇淋，制造化学酱油和毒淀粉，这种种行为，都只是为了让你吃到“低廉又大碗”的食物。

每隔一段时间就会爆发的“食品安全问题”，从某种程度上来说，无疑揭露了这个“贫性循环”的冰山一角。

物价上涨，但是薪水却纹丝不动的时候，会直接造成许多人改变日常的消费行为，既然没有办法阻止通货膨胀，就只好让自己少买一点儿，或是退而求其次，买更便宜的东西，因此廉价商品就成了替代方案。

同样，店家面对原料和油电等不断上升的各种成本，如果还想要走平价美食路线，唯一的选择就是使用各种黑心食品，用色素染色，加入化学香料提味，这就是在目前的社会现况下，每个人都可能面对的悲剧。

以某间知名餐厅为例，一开始他们从收购倒闭餐厅起家，挂牌上市之后，为求营利数字漂亮，可以给股东一个交代，他们除了控制人事成本外，也尽量压低进货成本，于是用劣质牛肉组合成牛排，甚至卖出含有瘦肉精的毒牛排。

经济不景气，穷人的低收入只能吃便宜的食物，垃圾食物的成本低廉，商人往往用的是最便宜的食材，或是加入许多防腐剂和化学添加剂。

这就是为什么穷人在医疗方面的支出往往比富人更多，因为穷人长期吃垃圾食物导致身体变差，看病需要花一大笔钱，于是穷人变得更穷。

当然你可以选择不吃不喝，拼命工作试图挣脱贫穷的枷锁，但是过程中只要发生一点儿意外，你就只能再度被打回贫穷的原点。

“一分钱一分货”的道理大家都懂，只不过，当穷人必须付出更高的收入比例，才能满足过去的生活所需时，显而易见的，这个道理顿时成了口号。

之前因为工作的关系，我认识了一个音乐制作公司的宣传，他的月薪不到6000元，扣掉每个月的基本开销，实际的生活费只剩800元左右。

这笔微薄的生活费，相当于一个星期的吃饭钱、交通费加上其他杂费，只有200元可以花。于是他省下早餐钱，中午也不敢跟同事一起出去吃饭，只能一个人默默吃着便利商店促销的便当，到了下午真的饿到难以忍受时，就猛灌公司提供的茶水来充饥。

他愁眉苦脸地告诉我：“连续吃了三个月的便当之后，现在一闻到微波炉的熟食味道就想吐。”

不吃饭会饿死，但是吃了垃圾食物又等于慢性自杀，然而，穷人只能向现实低头，只能“先求有再求好”，先想办法活下来，再看看有没有翻身的机会。

有人说，食品安全危机是因为民众习惯贪小便宜和买便宜食物的关系，但是，在普遍低薪的情况下，说句难听点儿的话，如果今天有好日子可以过，又有谁会想要当畜生？

大环境造成的低薪问题，对于一个二十几岁的上班族来说，不是凭你一个人的力量就可以改变的，但是最起码，你不必跟着大家一起饮鸩止渴，而是要想办法在三十岁之前，勘探出替代水源的位置。

当每个人都无法避免地活在这个口渴却又渴不死的年代时，**只有挖掘出一口新的井，才能真正止渴，不必再盲目地踩入“恶性循环”的流沙之中**，终结这场永远醒不过来的穷人噩梦。

别想用薪水赶上CPI这辆高速列车

我发现有很多年轻上班族，不太明白 CPI 到底有多可怕，只是单纯想要过着“一回家就睡觉，一醒来就工作”的生活，只要能够存点儿钱去国外旅行，就是每年唯一的梦想。

其实，做什么类型的工作，本来就没有高低贵贱的分别，要是你能够在二十岁的时候，靠双手养活自己，其实就是一件很有骨气的事，只不过，光靠着老板给的死薪水，只会让你未来生活中的风险无止境地提升。

之前我任职的广告公关公司，来了一个大学刚毕业、年纪二十多岁的广告业务助理，一个月的薪水实领 4800 元。

某天中午，我和他一起吃饭，他愁容满面地告诉我，每个月光房租、燃气、水电等费用，就占了他薪水的三分之一。再扣掉还没交清的助学贷款，以及日常生活各项杂费和伙食费，他每个月顶多只能收支打平，甚至偶尔透支的时候，还要厚着脸皮，伸手跟爸妈要一点儿零用钱。

当时，我问他对工作和未来有什么想法？

他只是消极地耸耸肩说：“我现在什么都不敢想，没有失业就要偷笑了，等到公司帮我加薪之后，也许才能开始实行存钱的计划吧。”

我一直没告诉这位菜鸟助理的残酷真相是，这间公司一年最高的调薪幅度仅有3%，但是每年的CPI指数却是不断上涨，只要通货膨胀率大于调薪幅度，你的薪水马上就少于4800元。

更可怕的是，这种危机没有人会事先通知你，而你的荷包就这样不知不觉地逐渐被整个大环境掏空。

可以预见的是，这个小菜鸟一定会渐渐觉得钞票越来越薄，不管怎么缩衣节食，都没办法挤出更多钱来，连周末要约朋友出去看电影，也变成不可能的任务，当啃老族的次数也逐渐增加。

很多人总会把通货膨胀当作洪水猛兽，或是致命病毒，实际上却并非如此，有时候，适度的通货膨胀可以促进经济增长，提高店家的营收和厂商的获利率，这样你才有合理加薪的空间。

面对物价像火箭一样高速起飞，最安全的情况，是让自己收入的成长速度超过物价上涨，只不过，现在大环境的趋势却是万物齐涨，只有工资停滞不前，甚至还开倒车。

辛苦的上班族就算想加薪，主控权还是在老板身上，于是大多数的穷白领只能过着和现实妥协，宛如地狱般水深火热的生活。

当然，有很多职业表面上看起来似乎很富有，比如像是设计师，但是他们依然为了工作拼命熬夜，况且每天能够画的设计图有限，收入的成长空间当然也是相当有限。

曾经有个年轻朋友告诉我，只要能够一路拼到中层管理人员，甚至是高管，年薪超过百万就可以抵抗通货膨胀，自然也不用烦恼未来生活了。

这当然是最理想的情况，只是当大环境陷入“停滞型通货膨胀”的时候，公司势必会选择冻结工资，甚至不惜裁员来节省人力成本。你花了十年的时间努力升到了中、高层管理人员，却反倒让自己上了被优先裁员的黑名单。

我必须老实说，就算你把晚上当白天用，一天 24 小时都在加班，也不会争取到更多筹码，因为物价每分每秒都在上涨。

如果说 CPI 是一辆不断向前行的高铁，你刚进公司的时候，就好比是骑脚踏车追赶，升官加薪之后是会好一点儿，但顶多变成骑摩托车，或搭自强号跟在高铁后面跑，时间一长，你还是会眼睁睁地看着自己被 CPI 列车甩开，连车尾灯都看不见。

现实就是如此残酷，老板给的薪水无法养你一辈子，退休金也不能保证未来的生活。

只要你在职场中求生存，久了终究要面对竞争力下滑的困境，所以你必须用系统化的方式来赚钱，例如自己开公司当老板，或是业余加盟入股，甚至写书赚版税，开发专利等，这些都是摆脱死薪水、创造持续性收入的开始。

如果你在三十岁之后，还抱着要把一辈子的心血全都托付给公司的想法，无疑是将自己的未来，托付给撞到冰山之后的泰坦尼克号，一旦船沉灭顶，你就只能期待投胎之后，下辈子能够含着金汤匙出生。

把钱放银行，
不如拿去吃牛排唱歌

过去有段时间，很多专家喊出“现金为王”的口号，这些人告诉大家，在经济不景气、投资风险大的时代，你必须牢牢地把现金握在手中，或是把钱省下来存在银行里，这才是最实在、最保险的做法。

虽然钱放在银行里不会自己长脚跑掉，但是，再怎么可靠又有信誉的银行，也无法阻挡你的存款逐渐蒸发的命运。

也许你会说，安安稳稳把每个月辛苦工作的所得存下来，这样有什么不对？

储蓄的想法当然没有错，勤俭也依然是种美德，只不过，当经济成长和银行的存款利率追不上通货膨胀的脚步时，不管你怎么安分守己，不炒房也不投资股票，依然会让自己暴露于危险之中。

很多人觉得把钱放在银行定存，虽然不见得有利润，但最起码没有风险，但你别忘了，银行并非不会倒闭，像前几年美国金融海啸发生时，倒下了一个雷曼兄弟，连带好几个小银行也跟着倒闭就是最好

的例子。

再者，假设今天你在银行里存了10万元，如果消费者物价上涨率为2%，银行一年期的定存利率是1%，这就代表你在银行户头里的钱，不但没有生出利息，反而一年白白损失1000元。

这就是吃人不吐骨头的负利率，在这样的大环境下，你存在银行的资产，只会在无形中消失，甚至变相累积负债。

长久下来，如果你还是把一生的积蓄放在银行慢慢地被掏空，此种行为无疑是在挖坑埋了自己。

如果你还是执迷不悟，坚持把钱放在银行里存着，那我真的要劝你，不如把钱拿去吃一客顶级牛排犒赏自己，不然就去KTV唱歌发泄上班的怨气，或是去疗养地好好泡个温泉享乐一番，最起码这些钱是花在你自己身上，而不是凭空被负利率一口吃个精光，你还毫无所觉。

我之前看到某外商银行的首席经济学家，虽然年薪超过百万，还拥有一个令人称羡的头衔，却没能过上理想的富裕生活。

过去几年他想换房，但是房价上涨速度太快买不起，加上有两个即将就读小学的孩子要养，就算身为经济学家，也无法抵挡大趋势，忍不住叫苦连天。

后来我才知道，原来这个经济学家主要靠定存理财，如果是20年前，定存的利率还有7%～8%，的确是一个保守的人会选择的稳健理财模式，然而，如今银行的定存利率早就“惨不忍睹”，早就被通货膨胀的上涨幅度“吃干抹净”。

在这个负利率的年代，就连你的本金都在逐渐失守中，把钱放在银行里跟放在枕头下，其实没有两样。通货膨胀让人无法逃脱钞票变薄的命运，不要说经济学家，就连银行家，都有可能在一夕之间过上贫穷负债的生活。

如果你希望自己所拥有的财产能够保值，那么把钱放在银行定存是最糟糕的方式，你可以寻找其他抗通货膨胀的理财渠道，像是买股票或基金，投资外汇或黄金，只不过，比起这些有可能让你一失足成千古恨的高风险杠杆，拥有一台源源不断的“印钞机”，才更有可能让你在负利率的环境中生存下来。

现在二十几岁的上班族，不一定就是茶来伸手、饭来张口的“草莓族”，事实上，新一代的年轻人对工作劳心劳力的程度，比起过去是有过之而无不及，但是，再怎么努力，你也不得不面对眼前残酷的现实。

一旦经济环境发展进入停滞型通货膨胀，什么指数都衰退，只有物价指数持续上涨，在这种情况下，你如果还在期盼薪水上涨，最后只会失望地发现，一切只是妄想，即便跳槽换工作，也很难帮自己争取到更高的薪水。

钞票越来越薄，薪水愈存愈少，意味着你的抗通货膨胀能力也越来越差。

二十岁以前，你把零用钱和压岁钱存在银行里，或许还可以说这是储蓄；但是如果到了三十岁，你依然把薪水和奖金放在银行，那我必须说，你这是在慢性自杀。

定存永远不可能让你翻身致富，只会让你沦为一碗泡面分两餐吃的新时代穷人。

TOP TIPS

比 SARS 还可怕的停滞性通货膨胀

所谓的"停滞性通货膨胀"(Stagflation)，指的是经济成长停滞与通货膨胀同时并存的现象。

基本上，"通货紧缩"与"通货膨胀"被认为是两个极端。通货紧缩是因为经济形势差，民众的消费持续紧缩，导致物价持续下跌，引发百业萧条的现象。

而通货膨胀则是经济形势大好、经济快速成长、利率高，使得物价连连上扬，理论上来说，通货膨胀和通货紧缩这两个现象应该不会并存。

其实，通货膨胀本身并不是原罪，至少就整个现代社会和经济的发展过程来看，当人们赚的钱愈多，物价也愈高，几乎都呈现持续通货膨胀的趋势，这是正常的市场机制。

然而真正让人手足无措的，是有如泥沼般的"停滞性通货膨胀"。

当一个国家的经济成长开始变得缓慢，却持续面临国际原材料上涨，导致物价持续攀升时，很多企业获利率降低，在无法控制成本和大环境变化的情况下，企业的营运很快进入衰退期，这也代表人民失业率跟着大幅提高。

"什么都涨，只有薪水没有涨"这句每个人都耳熟能详的话，已经非常清楚地说明，停滞性通货膨胀所带来的危机，是如何一步步在近逼你的生活。

全世界都逃不过“经济沙漠化”的天灾

记得几年前，有一本理财畅销书告诉你：“要有财可理，必须先学会节流。”

这句话虽然有它的道理存在，不过，坦白说，我们生活在眼前这个高 CPI 和负利率的年代，你再怎么省吃俭用，努力节流，也很难为自己累积出“有财可理”的资产。

随着通货膨胀，CPI 就像停不下来的高速列车，唯独薪水始终原地踏步，这代表着你口袋里的钞票会愈变愈薄，财富每分每秒也都在持续缩水中。

有一次，我和几个三十岁不到的上班族朋友聊天，他们背井离乡在外地工作，租来的套房也没有可以开伙的设备，三餐几乎只能在外面吃。

这几个上班族都一脸无奈地跟我抱怨，从早餐店到小吃店，每家店都说原材料或是油电调涨，撑不住了必须涨价，而他们这些市井小民，再怎么不甘愿，也只能接受涨价的事实。

虽然一个三明治或一碗面，表面上只是“小”涨个1元或2元，感觉起来似乎不痛不痒，但实际换算下来，其实就连一碗便宜的卤肉饭，涨幅都超过10%。

假设现在5元可以买到一个面包，若是每年持续以10%的幅度涨下去，不久后你要花7元才买得到；然而，记得数年前还能以10元买到一个招牌便当，现在根本想都别想，而这样的情况，在每个人的生活中都逃不开，是你我都必须面临的通货膨胀的考验。

其实，与其说我们现在过的是水深火热的日子，还不如说是过着“温水煮青蛙”的生活，也就是每个人吃不饱但又饿不死。

之前曾经看过一份调查统计，只要油电及原材料开始上涨之后，上班族每个月就必须增加600元左右的额外开销，但说实话，你每年的月薪有跟着调涨600元吗?

就算你拼了老命加班，努力工作求表现，也要期望公司加薪的幅度能跟得上CPI成长的速度，否则的话，你再怎么仔细记账，或是从网络下载打折券，省个5元、10元，都不得不消费，最后还是沦为左支右绌，穷忙一场。

有些年轻人会迷信银行理财专员说的投资机会，盲目地将存款投入股票、基金或债券之中，却永远也搞不清楚自己的投资标的，到底内容物是什么，脑海里只记得理财专员说得天花乱坠的投资回报率，然而，跟着别人走就一定有肉吃吗?

如果你不懂得房屋市场，却一心想要跟着别人当炒房投资客，很容易就会惨遭套牢的悲惨命运。前几年有个男艺人听朋友说买套房脱手容易，靠着一股冲动给自己买了一套房，想要靠买房省下租房子的费用，结果却被活生生套牢，过了一年多吃泡面还房贷的生活。

当你除了劳务所得以外，没有参与或建立一套系统来增加你的持续性收入，还想要靠买房脱手赚钱，那么只要一个杠杆操作失衡，或因失业或工作收入不稳定，那么光是每个月房贷的利息钱，就足以让你灭顶。

有些年轻人也跟我说，把钱拿去投资外币如何？然而，只要是钱就有贬值的风险，就像前几年，许多国家的货币开始贬值，如果你还一心想抱着美元或欧元不放，那么这种钱将会比丢到水里消失得更快，这也就是很多人会寻求比较不容易贬值的货币，也就是投资黄金来保值的原因。

当前粮食价格之所以不断高涨，除了因为气候变迁导致产量下降以外，人类的需求不断高涨也是原因之一。在供需失调的情况下，价格持续上涨是必然的，不论农田还是经济，都已经无可避免地呈

现沙漠化的趋势。

如果你要我形容，你在三十岁之后将面临一个什么样的处境，我会告诉你，**我们都生活在一个“你的资产不断缩水，但负债却不会缩水”的时代，你存折里的数字就算增加，财富却是不断变少的。**

我们已经无可避免地身处负利率又通货膨胀的“赤壁沙漠”中，每个人都想要走出去找到一片绿洲，但是在那之前，你该学会的是，自己观察这个世界的风向和趋势，才不会落得在海市蜃楼中活活渴死的下场。

PART 3

趁还没穷死前，打造自己的“印钞机”吧！

什么样的收入，
才算是“印钞机”收入？

只要人们需要食衣住行，CPI就会存在，不管你愿不愿意，我们早已经置身于这场无法逃脱的生存游戏中，你只能选择继续玩下去。

然而，现在的上班族就算财务已经处于红色警报之中，仍然被固定的“贫穷思维”给绑架，对于未来的想象，仅是找到一份薪水不错又稳定的工作，或是想办法考上公务员，再不然就是靠着平常搜集打折券，东抠西抠地省吃俭用。

过去长辈常对我说，所有的小钱都得省下来，连一块钱都不能乱花，这种想法或许几十年前还能安稳到老，但在如今高CPI、低所得的年代，如果你还是用同样的想法过活，那就得等着被逐步上扬的CPI鲸吞蚕食。

当你的劳力只是别人“工作系统”的一部分时，你的财务“主动权”就不是掌握在自己手里，而是落在别人手上，这其中的问题，并不只是单纯每天要看谁的脸色过日子。

想一想，万一哪天你不幸被裁员，或是刚好又遇上一次金融风暴被迫休无薪假，甚至是哪天不小心发生意外丧失工作能力，顿时你将面临收入全部归零，还必须支付贷款和水电费的悲惨窘境。

当你的身体逐渐老化，对工作付出的劳力慢慢降低，你的工作所得再也无法应付各种需求的时候，就是负债和贫穷的开始。这也就是为什么我们需要一台属于自己的印钞机的原因。

我有一个朋友，十几年前认识他的时候，他大学刚毕业，第一份工作是摄影助理，然后慢慢从小助理熬成了婚纱照摄影师，早年行情好的时候，他每个月的收入颇为可观。

不过，随着这一行的竞争越来越激烈，市场逐渐饱和，收入早就不复以往，他不得不开始思考，这种背着相机上山下海的日子还能够撑多久？他能拍到五十岁还是六十岁？

后来这个朋友决定成立自己的摄影工作室，直到那时，才真正地赚到他人生的第一桶金，他的营运范畴从婚纱摄影到婚礼摄影，再把触角延伸到宠物和儿童摄影，以避开婚礼淡季的风险。

短短数年，他接连开了10家分店，专攻不同的群众市场，每个月的营业额，都稳定地达到数百万元。

如果他始终抱着穷人思维在接案子跑单帮，总有一天会面临无法用劳力工作，被市场淘汰的局面，但是在建立了一套系统之后，他就不再是自己一个人赤手空拳去拼了。

即便是电视上看起来光鲜亮丽的偶像艺人，也知道艺人的黄金岁月非常短暂，因此艺人们纷纷将所得用来投资副业，而某位当红知名偶像艺人，就很懂得为自己建立系统，打造属于自己的印钞机。

一开始，他除了拍戏、唱歌，也在网络拍卖自己使用过的帽子或T恤，获得粉丝的广大回响后，再推出个人自有品牌服饰，接着更进一步将收入转为房地产投资，在世界各地置产。

当这个艺人从成立自己的工作室和软件公司的那一刻起，他就已经转变成印钞机模式了。现在，他甚至可以将拍戏、唱歌当成兴趣，不用担心下一个通告在哪里。

因为每天有数百个人在努力为他工作，钞票不断地流入他的账户，他可以尽情投身在最爱的演艺事业中，没有后顾之忧。

一个人不可能口渴了才拿着水杯到河边装水，想要时时都有水可以喝，你就必须建立一个源源不断的“系统”。

在系统建立之初，或许你必须用水桶去提水，但接下来就要试着拉水管接水，最后更进一步汇集资源，建造水塔和水库来储水。只要系统建构完成，你就能享受只要一打开水龙头，就有水可以喝的生活。

我能体会一个二十几岁的普通上班族，在高度竞争的环境下，日子过得有多苦，但是再怎么艰难，你还是有从谷底翻身的机会。

在三十岁之前，你想要扭转贫穷一辈子的命运，就是想办法为自己量身打造一台印钞机，比起买个紫水晶放在家里招财，还不如创造一套系统，这才是真正“适者生存”的致富法则。

TOP TIPS

粮食危机对居民消费价格指数的影响

据联合国统计，2008 年世界粮食储备仅剩 4.05 亿吨，只够人类维持 53 天，为 30 年来之新低。当时许多国家为了自保均限制出口粮食，全球粮食价格上涨，从而引发粮食危机之说。

时至今日，虽然农作物并未减产，但全球粮食供应短缺和粮价不断攀升的问题持续存在。除了全球人口增加这个因素，近年来气候异常、天灾不断也是主因之一，像 2012 年美国遭遇 50 年来最严重的旱灾，玉米和大豆价格涨幅达史上新高。依赖美国进口玉米、大豆的台湾，原物料价格也悄悄上涨，甚至突破 2008 年粮食危机的最高价格。

这些饲料作物成本增加，也意味着奶、蛋、肉类等食品价格连动上涨，食品价格在整体居民消费价格指数中占比是相当高的，在这样的蝴蝶效应之下，通货膨胀的压力随之而起，影响力很快就传递到消费者的钱包。

另一项导致农产品供需失衡的原因则是粮食能源化的问题。全世界为了减少对石油的依赖，纷纷以谷物作为替代能源；如利用玉米生产乙醇，所以玉米除了可以拿来喂牛、当作餐桌上的食物外，还能用来灌满汽车油箱。

由于谷物的生产已追不上需求量，如此也导致粮食价格无限上涨，连带影响了整体居民消费价格指数。

再苦也要
打造自己的印钞机

有家机构曾经做过以下调查：在微薪与工资冻涨时代，上班族愿意创业，给自己加薪的意愿有多少？结果显示，确实有超过九成的上班族曾动过创业的念头，但是真正付诸行动的人却不到三成。

而这份调查也发现，创业年龄呈现两极化，分别集中在二十五岁与四十五岁，显示想要创业、打造印钞机的年轻人非常多。

不过，要能成功打造一台印钞机也不容易，在将近三成的创业者中，只有不到三成的人回本，其余七成尚未回本的人，之所以打造印钞机失败，主要原因包括资金周转不灵、持续亏损与缺乏客源，所以这七成的人只好又回到职场上班，努力填洞还债。

其实我为这七成的人感到可惜，虽然适度的停损止血是必要的，但既然已经踏出这一步，或许再坚持撑下去就能看到曙光，但他们却选择放弃。

尽管这是一个人人都能创业的年代，只要你愿意，随时都有机会在等你，然而，就是因为创业门槛低，因此竞争相对激烈，想要一开始就打造出最赚钱的印钞机，这种几率非常低。

创业门槛愈低的产业，愈应该找出独有特点才能生存，但是在这一过程中所必须承担的辛苦非常沉重，如果撑不过，就功亏一篑。我看到很多年轻人之所以创业失败，就是撑不过创业之初的阵痛期。同样，只要成功度过创业黑暗期，建立起一套印钞系统，从此就能摆脱贫性循环。

创业初期，清玉饮品一度濒临倒闭，创始人甚至穷到口袋里只剩33元，周围的亲朋好友也骂他是疯子，不知他在坚持什么。

但是他想，好不容易走到这一步，如果现在放弃，过去的投资都白费了，因此他咬牙撑下去，直到调制出黄金比例配方的招牌饮料，立马翻红，这才一举翻身，从此脱离贫穷之路。

我还看过有个三十岁的年轻人，原本从事房屋中介业，在经济形势大好时，月入两三万不是问题，然而金融风暴那年，房市崩盘了，没有业绩的他只好离开。

一开始，他选择加盟进入门槛较低的咸水鸡，然而咸水鸡满街都是，竞争非常激烈，直到某天，有客人质疑他卖的鸡肉里面添加了药剂，这才让他发现个中诀窍。

于是他放弃加盟，开始自己找出不加药剂也能让鸡肉好吃的秘诀，在投入十多万成本不断尝试之后，他终于研发成功，他的“无添加鸡肉”因此获得周遭店家的肯定，不但开始做起批发给店家的事业，甚至开放加盟，做起连锁的生意。

从此，咸水鸡小摊变成中央工厂，不只如此，他还将鸡送SGS检验，透过建立商誉的方式增加竞争力，不断创造与竞争者的市场区隔，以持续提高加盟主续约的意愿。

不管是创业门槛低的服饰业、饮料业还是小吃业，只要你肯去尝试，打造你与众不同的印钞机，你也可以像这个三十岁的年轻人一样，开始自己的事业。

或许一开始，你为了降低创业的门槛，选择加盟模式，然而，你的命运仍受到总部的牵制，此时你还不是真正的自由。

在你的营运上轨道后，你应该学习这个咸水鸡摊商，由加盟商走向加盟总部的模式，**建立自己的系统，过程虽然辛苦，但这才是打造源源不断收入的秘诀。**

无论是李嘉诚还是比尔·盖茨，他们都在三十岁前，累积了好几桶金，并且在三十岁时，抓准当时的投资时机，拿其中几桶金去打造另一个系统，这就是他们永远不需要为CPI烦恼的原因。

有不少二十几岁的年轻人问我，现在整个世界经济形势这么差，创业的环境早就不同于20世纪50年代，创业真的好吗？

但我告诉他们，李嘉诚创业的时候，石油危机也曾威胁到塑料行业，但他一样在危机入市，反而因此打造出一台举世无双的印钞机。

当CPI上升时，你不能要求老板给你加同等的薪水，但是当你有台印钞机后，就算油、电双涨，你也不用太过担心，因为你可以随时调整印钞机模式，要如何印钞票，由你自己决定。

最小的印钞机，也要几百个零件

很多年轻人毕生最大的梦想就是开一家咖啡店，但是根据统计显示，这些开了咖啡店的人中，只有 20% 最终能成功。也就是说，十家咖啡馆，存活下来的只有两家。

仔细分析他们失败的原因会发现，原来这些人当初普遍都是抱着“试试看”的心态来开业，因此只要短期营收不佳便关门大吉，难怪印钞机永远运转不起来。

如果再分析这两家经营成功的咖啡店创业者，会发现他们都有一个共同点，那就是他们打造印钞机的决心非常坚定，而且会有计划地写下创业企划书。有些人甚至早在开店前好几年，就去学习冲泡咖啡的技术，努力学习经营咖啡馆的专业知识，他们都抱着一开店就要成功的决心。

但是我看到很多年轻人，创业常常都是头脑一热，有的是因为一时兴起，有的是一时对主管不爽，就决定去创业，然后一股脑儿地把所有的资金全部投注下去，在开业前完全没有做过任何市场调查。

有个年轻人曾经跟我说，别说开咖啡馆，就连要在夜市做个小本生意都很不容易，他告诉我，还是安分当个上班族就好，至少每个月一定有薪水进来。

原来他大学时代为了赚取零用钱，决定去夜市摆摊，卖起女学生最爱买的饰品项链。他每天提着皮箱去夜市，不但得面临货品卖不掉的风险，还要面临摊贩的“天敌”——市场管理员。

他又说，当初为了取得较低的进货成本，在批发商的游说下，牙一咬，便把当月所有的生活费全部砸下去囤货，结果因为不清楚女性消费者喜欢的款式而滞销，最后满满几大袋的库存，成了一堆压垮他生活的无用石头。

他还告诉我，饰品卖不出去已经够担心了，更倒霉的是，只要收到一张罚单，当天不但没收入还要倒贴。

他说，每次只要想到这段惨败的经验，他就吓得决定“安分守己”，不敢再有任何打造印钞机的念头。

后来我问他，你一个大男生为什么要去卖女生的饰品？他说，因为他看夜市里的饰品好像很好卖，成本又低，而且只要一只小皮箱就能做生意，不用担心店面租金问题，所以他也没想那么多，以为只要照做就万事 OK。

我告诉他，你的勇气虽然很可嘉，但是你的行为跟自杀没有两样。

我说，即便是上市的大集团在开店时，也一定会经过审慎评估。有家知名鞋业的老板告诉我，他们每开一家门店，一定会做好商圈调查，他甚至告诉我，同样一条马路左右两侧的店面，也有所谓的“阴阳之分”，他们会在仔细精算营收之后，才决定是否承租这个店面，以及承租多长的时间，以免届时因营收不佳而受到租约的牵制。

这一切的精算，都是为了让投入的成本能够获得回收，但我却看到许多年轻人，只是盲目地凭着一股冲劲儿，然后铩羽而归。

有些年轻人甚至以为，只要选择加盟就万无一失，事实上，受到加盟总部拖累的加盟主不在少数，双方甚至因此对簿公堂的事件时有所闻。如果你在加盟前都懒得做功课，没有事先去询问已加盟者的意见，仅凭总部的三言两语就决定加盟，那么当你签下合约，就立刻被绑死在合约中不能翻身。

打造印钞机前的评估绝不可少，而且必须反复评估之后再行动，因为**创业是一种对自己人生负责的决定，而不是一种随兴而来的浪漫与冒险。**

我告诉这个年轻人，无论是多小本的生意，创业前只凭“感觉”而不做任何市场调查，根本是一种形同赌博的行为，很容易就让你输得欠一屁股债，陷入万劫不复的深渊。

当然，所谓市场调查，也不是要你花大钱找大公司去做问卷，毕竟创业初期资金有限，每笔钱都必须妥善运用。

你可以先从目标市场里精准地找出目标消费者，这些人有可能是你的亲朋好友，你只要和这些人聊天，深入咨询他们的意见，大概就能有初步的概念，接着再由这些概念去延伸思考，如此才能一步步精准建构你的印钞机蓝图。

打造一台印钞机，就如同生养一个小孩，当你决定打造一台印钞机时，所有的环节都必须考虑周到，就算只是一个小如摊贩的印钞机，也有几百个零件要组装，有很多经营功课要考虑，绝对不是把货批来就一定能卖掉这么简单。

打造印钞机的目的是为了赚钱，不是让你作为逃离职场的借口，如果你只是把创业当“备胎”，打着有也好、没有也罢的心态，那么你的这台印钞机，很快就会变成碎纸机。

TOP TIPS

目标市场与目标消费者

企业在营销策略规划阶段，营销人员根据消费者的地理区隔、人口统计、心理变量和行为变量等方面，细分市场区隔（Segmentation）后，考虑自身的产品设计、资源条件、市场环境等，选择某个市场进行营销计划，这个市场即成为“目标市场”(Target Market)。

而选择目标市场的方式有三种：一是无差异营销（Undifferentiated Marketing），整个市场不加以区隔，都是其目标市场；二是差异营销(Differentiated Marketing)，提供不同的产品或服务，进入两个或两个以上的市场；三是集中营销(Concentrated Marketing)，集中全部资源选择一个单一市场经营，又称为利基市场(Niche Market)。

选定目标市场的同时，等于你也找到了一群目标消费者，即营销策略语言所说的TA（Target Audience)，这群人就是你在进行营销计划时的沟通对象，一般又可分为主要与次要沟通对象。

企业主和营销人员必须清楚你要卖东西给谁，了解他们的动机、态度和行为，提供适当的营销方式，才能达到销售目标。例如卖给贵妇和少女，营销策略和沟通方式显然不同。否则瞎子摸象的话，你所贩卖的商品或服务，必然在市场中无的放矢。

亲友眼中那个亏损三年的“天生富人”

之前我去印度旅行时，在街头看到马路旁坐着一排穿着笔挺衬衫、年纪约三十岁左右的男人，他们前面摆放着一张小桌子，上面放着一台传统打字机。

在印度，不是每个人都有办法读写文件，于是有人就在街上当起了临时打字员，他们的收入是论件计酬的。

职业本身没有高低贵贱，今天赚当天温饱的钱，这也是一种生活方式，但是这些“露天打字员”一旦遇到刮风下雨，可能生意做不成，也等于少了一天的收入。

这就是最典型的用“劳力所得”来赚钱，这种模式代表你的生活不允许有任何意外发生，否则你随时有饿肚子的风险，而这种人成为穷人的概率也比其他人来得更高。

我认识一个曾经在银行当过理财专员的朋友，他告诉我，在消费性金融泛滥时期，他曾经年薪突破20万，过着前途一片光明的都市白领生活。

然而，之后引进市场的金融商品越来越多，而且在金融风暴之后，银行历经了一段合并缩编的惨淡时期，他的业绩压力也越来越大。

最让他崩溃的是，他还必须想办法把他自己都不想买的金融商品卖给客户，看到他这么痛苦，他的家人也不断劝他，要他不如转考公务员，捧铁饭碗的日子比较轻松安稳。

后来这个朋友跳出领固定薪水的思维，他开始思考，如何建构一套可以在工作之外另外创造收入的系统，于是他选择经营网店。

一开始，他只是想帮忙推销女友店里的杧果干，赚点外快而已，但蜜饯市场竞争激烈，就算经营没什么成本，仍旧不如想象中顺利。

于是他开始尝试不同的促销方案，有大半年的时间，他自己贴了不少商品打折的成本进去，然后搭公司大量团购优惠，靠着网络营销建立起口碑，才渐渐打响品牌知名度，成为单月业绩十几万的卖家。

在打造印钞机的过程中，你必须不断尝试各种组合，不要妄想马上就能投机赚大钱。

然而，在这个过程中，旁人看你一直在亏钱，可能会不断出言打击你的信心，会觉得你这是“拿肉包子打狗”，但只要你自己清楚，这么做不是傻子，而是在调养你的富人体质，再苦你都必须坚持下去。

就像亚洲肉干大王王陈山，也不是一开始就顺风顺水，而是先走过亏损好几年的转型期，才打造出远近驰名的美珍香肉干王国。

王陈山的“富人体质”在于，他清楚了解靠着“劳务型所得”所赚到的钱，终究无法长久生存下去，假设他的肉干店只停留在一家店面，那么他的事业有可能很快就会看到终点线。

其实，如果王陈山不动脑筋，在大学毕业当完兵之后，就接手家里的肉干店，然后每天守着店面，在家里一天花上七八个小时烘烤肉干，那他依然会是一个拿水桶去河边装水的穷人，在通货膨胀效应下，过着吃不饱也饿不死的“吃粗饱”生活。

就算他把生意传承给他的孩子，这间店面也不会成为可以对抗通货膨胀的“印钞机”，只要消费者不再上门，那么这家店很有可能随时变成“夕阳产业”。

然而，王陈山开始把传统手工生产的肉干，转而变成利用工厂生产，让肉干产量增加以快速增加销售点和销售量，就是他建构富人系统和打造“印钞机”的起点。

一开始，他设立了一间工厂，试图将制作肉干的过程量产，但当时并没有其他人做这样的事，一切只能土法炼制，机台还得自己想办法设计，慢慢地从简单的切肉绞肉设备，陆续扩充到架设大型烤炉来制作肉干。

尽管一开始没人看好，甚至过程跌跌撞撞，经历了好几年亏损的时期，但最后还是成功了。不仅肉干的产量大增，而且质量也优于市场上的其他竞争品，从这一刻开始，他就等同挖到了“金矿”。

当你打造一个成功的系统之后，接下来就可被快速复制并且持续发展，所以美珍香才有办法在 7 年之内开了将近 200 家分店。

所谓的“天生富人”，并不是含着金汤匙出生的富二代，而是在三十岁之前，把握住每一个机遇，摸索出一套适合自己的系统，从参与到建构，不断地跟着大环境和每一次失败的经验微调修正，然后在三十岁或四十岁之后，真正拥有一台属于自己的财富“印钞机”。

十年内破产三次的“印钞机达人”

我曾经在电视上看到一个求职的真人秀节目，里面有一个破产的富翁，上节目去应征工作。

这个富翁表示，他曾经自创一个男装自有品牌，在北京有超过一百家连锁分店，一年的现金流高达数亿元，最后因为市场定位和经营问题导致破产，负债上千万。

后来这个破产的老板开始试着在外面找工作，也做过公司的策略和营销顾问，想要把赚来的钱拿来还债。

负债千万的他，在节目中应征的职位是企业的高级主管，但是最终他并没有如愿应征上企业高级主管，而是被在场的老板们给灭灯，失意地离开录像棚。

当这个破产的富翁决定要再回过头来帮大老板打工，或想要靠领薪水还清负债，其实就已经可以预见，他不可能会东山再起了。就算是高管的薪水，也都活在通货膨胀和被 CPI 减薪的阴影下，千万不要指望靠着每个月的薪水，就能填满负债的大坑，以为只要把薪水慢慢赚回来，就能寻求下一个翻身的机会。

就像是 85 度 C 咖啡连锁专卖店的创办人吴政学，他这辈子在别人手下做事，领死薪水的时间，只有短短 3 个月。

吴政学之前开过手摇饮料店和 10 元披萨店，这些加盟店曾经红极一时，最后却黯然收店，但是，这并没有打击他，相反，他找出失败原因，重新架设了一台“改良式印钞机”。

关店或负债的确是悲剧，但绝对不是世界末日，对于懂得打造印钞机的达人来说，就算跌倒了，也有东山再起的实力。

有一间知名的美式连锁早餐店，其创办人曾经是全球最大的发饰品供货商，在亚洲各地都设有工厂，制造的发饰销往欧美各大百货公司，当他手上资金充裕时，也投资了许多产业，从餐饮到房地产等，全盛时期他是 14 家公司的老板，事业可说是如日中天。

然而，之后这个创办人却因为投资不当，导致破产还负债 800 多万,一切归零。

在外人看起来，他应该是一个成功的系统建构者，有着十四台印钞机在为他日夜印钞票，为什么还会破产呢?

实际上，在一个懂得建立系统、创造财富的人眼中，每一次的破产都可以让他重新检验，他的印钞机到底是哪里出了问题，关键只在于，你有没有办法把破产视为转机。

后来这个创办人在连锁早餐店寻找翻身的机会，他突破了传统连锁早餐店以卖汉堡为主的保守心态，改卖起美式贝果，一步步调整店面、服务和餐饮特色，成功地获得了消费者的青睐，打造出让人耳目一新的早餐店品牌。

这个早餐创办人之后拓展了超过 600 家加盟店，当连锁早餐的品牌成功建立之后，他不但还清了所有的债务，更真正地从谷底翻身致富。

从这些破产后又翻身的达人身上可以看到，只要能找到自己系统中的缺失，在下次重新开始的时候，原本的缺失就会转变为优势。

以 85 度 C 的创办人为例，当他发现要是下单量过大，原材料的质量就会出现不稳定，因此，他做出直接向产地农庄采买咖啡豆的决定，用最简单的方式控制产品的质量。

过去披萨的饼皮是外包给其他工厂代工，技术掌控在别人手上，于是再次创业后，他改为自行设置中央工厂，将食品的生产技术掌握在自己手里，还能随时因顾客的喜好而实时改变。

也就是说，即便破产了，但只要能不断改良，就能打造出真正不断电又用得长久的印钞机。

基本上所有擅长打造“印钞机”的人，都是系统的建构者或拥有者，他们早已清楚，在三十岁之后想要致富，就不能百分之百通过劳力来赚钞票。

假如你现在二十几岁，正在试着为自己开发一台“印钞机”，你

也不要害怕操作失败，因为每一次错误的道路和选择，在修正之后，都会成为你下一台“印钞机”的重要零件。

印钞机型号有很多种，每个人要的都不同

曾经有个三十好几的年轻人告诉我，他在二十几岁时，因为决心打造印钞机而与几个朋友一起合伙，没想到最后却兵败如山倒。

他说，在工作三年存了一笔积蓄后，加上向银行借了一笔创业基金，就去登记成立公司了。而他们创业的第一件事，就是去租下一个面积高达三百平方米的厂房。

他说，他们的创业计划书写得非常详细，而且预计三年后要扩展店面至百家门市，怕以后仓库不敷使用，他们决定一开始就要租大一点儿的厂房，以应未来所需。

他说，当时租他们厂房的屋主还好心建议他们，创业初期一切经费都要精省，实在不需要租这么大的厂房，但是他们这群心怀大志的年轻人，完全无法接受别人的建议，还是坚持承租。

结果厂房租了，货也批了，但是，货品却滞销了。经过前三个月的惨淡经营，好不容易挨到第四个月拿到订单，准备出货时，没想到放在仓库里的货品却因为潮湿发霉了。

为了商誉，他们只好忍痛把这些货品都销毁，重新再进一批新

货。然而，无论再怎么努力，进账的速度永远赶不上庞大的租金，最后只好以宣告失败收场。

他告诉我，如果当初不是那么贪心，做着展店百家的春秋大梦，就不会承租那么大的仓库，也就不会有之后的一堆乌龙事，最后他下的结论是：“我果然不适合做大事业。”

我说，不是你不适合做大事业，而是适合每个人的印钞机都不同，而且印钞机也必须随着时移事异逐渐进化，只能说你们当初太过躁进，做出超过自己能力的决定。

以拍卖网站最大的女装卖家东京着衣为例，其创办人在创立这个品牌时，还只是大三的学生，当初只是因为对服装搭配有兴趣，所以决定批发衣服，当作副业来经营。她平日除了上课与睡觉外，就是在网络上回复买家的意见，努力累积口碑，因此在她大学毕业时，已经是拍卖网上评价最高的卖家。

毕业前，她的创业地点是学生宿舍，毕业时，在已经累积大量顾客后，她才决定扩张事业版图，甚至毅然决然贷款 400 万盖几百平方米的仓库，之后更从虚拟网络扩展到实体店面，而这其中的变化，只用了短短不到 10 年的时间。

当然，这是她的印钞机模式，不代表这个模式适合所有人，也不是每个人都有能力打造这种印钞机。不过，这世界上有各式各样的印钞机，不论你决定选择哪种型号，一定要符合以下几个要件：

首先，你所选择的行业，必须是你所熟悉的领域，再不然就是你所感兴趣的事业，毕竟隔行如隔山，如果你对这项事业没有任何概念，就算是看似进入门槛低的服饰业，贸然投入也只是把钱丢到马桶里。

我看到很多年轻人，总是以为批几件衣服就能卖；然而，服饰业要承受流行性的风险，还有你本身是否具备穿搭艺术、有没有拿货的门路与销货的渠道，这些全部都是印钞机能否组合起来的关键。你要是没有选货的眼光与销货的技巧，那么就算这台印钞机的组装再怎么容易，你也无法让它运转。

再者，千万不要一股脑儿跟风，我看到很多年轻人选择要打造何种印钞机时，常常看到哪里赚钱就往哪里去，否则也不会有葡式蛋挞这种立刻被做烂的事情发生。

趁热投资看似前景无限，但如果你是太晚进入市场的“后行者”，你不但得面对目前市场上最大竞争者的鲸吞蚕食，甚至只能捡人家剩下的剩余利润。这也就是为什么你只能眼睁睁看着人家赚钱，自己却印不出一张钞票的原因。

同样的道理，即便是选择加盟，也最好是早期进入者。也就是说，当总部开设的直营店开始试营运时，你就要实时观察直营店的市场接受度，并且在该品牌一开放加盟后，趁着总部推出的“早鸟”优惠方案及早加入。

如果你在后期才加入该体系，此时不但加盟金提高，而且愈是后期，市场热潮消退，无形中也会延后成本回收时间，有些加盟主甚至没等到本钱回收，总部就已倒闭，实在得不偿失。

无论你决定打造何种印钞机，你都必须确定，即将投资的产品或服务是否有市场需求？未来是否有发展前景？竞争者的威胁在哪里？投资的风险，你是否已经完全清楚？

印钞机不论好坏，不管是卤味摊还是上市公司，只要是能够让钞票源源不绝进来的印钞机，就是一台“好机”。有句俗话说：“三分毛利吃饱饭，七分毛利饿死人。”即便利润微薄，但只要你的产品在市场上有足够的竞争优势，一样能够用薄利多销模式，让你的印钞机持续运转。

自己打理店等于手动印钞机，做了才有钱

某年几个老友聚会，席间听到某个朋友说起因为厌倦看人脸色，不想再当上班族，所以和老婆双双辞了工作，一起去加盟便利商店的创业故事。

一开始，大家都戏谑他当老板了，日子一定过得惬意自在，没想到听他大吐苦水之后，才知道原来不是那么一回事。

他说，为了加盟便利商店，一开始就得拿出超过 60 万的创业资金，因此开店后为了节省人力成本，夫妻俩决定不请人，24 小时由两人轮流排班。但是一个月下来，长时间顾店消耗了大量精力与体力，让两人吃足了苦头。

朋友说，这一个月来，夫妻俩一人得顾 12 小时，而且还不能生病，否则 24 小时营业的便利商店就要开天窗，简直比上班还累。他还说，营业额扣除成本算下来，微薄的利润根本比不上上班族的薪水，可是却比上班族还辛苦，跟他想象中的轻松创业完全不同。

后来，他们终于决定请人，然而，由于大夜班人力的时薪非常

高，夫妻俩又觉得这时段请人不划算，所以决定自己来。他们想，如果只顾大夜班，体力上应该还能承受，可是生活质量还是一落千丈，连想要生个小孩都没办法。

他哀叹，请人划不来，不做又没钱赚，没人打理店的时候，自己还要去“站柜台”，根本连生病的权利都没有。

他发誓，等到他这间店与总部的合约到期后，便决定收山不干，回公司上班去，他不要再过这种被店绑死的生活，不但没有双休日，搞到最后连休假半天都成奢求。

听了他的“便利商店苦难记”，我告诉他，基本上，便利商店要开到三家以上才具有经济效益，就连总部也承认，只开一家店要赚大钱很难，我问他，你为什么不努力创造规模经济效益呢？

他同样告诉我，请人不划算，然后拿出计算器辩驳说，光是一个月的人力成本就高达 3 万，如果开三家店，那么金额还要乘上三倍。但我说，只要你的店面达到经济规模，营收就能负担人力成本，而且这三间店的人员还可以灵活弹性调动，你也不用这么辛苦地要去站柜台，为什么要轻易放弃呢？

基本上，如果是小本经营，在创业初期资金有限的情况下，亲自打理店节省成本，站在第一线了解顾客的消费行为，熟悉店铺的运转，强化印钞机的运作，绝对有必要；但这不代表你凡事得亲力亲为，绝不假手他人。

先前有媒体报道，有越来越多的创业者，刻意把餐厅开在小巷内，而且走“小而美”路线，店的规模小到一家店里摆两三张桌子就“满了”。

根据店家的说法，这样不但省房租，而且因为空间小，服务的客人少，不需要请服务生，只要自己一个人就行，也就是说，在偏僻的小巷内租小房子，可以省下所有能省的成本，这样开业的压力比较小。

其实我很想问他，既然如此，你开店的意义究竟在哪里？

我所说的印钞机系统，指的是时间与金钱全部由你自己掌控，这种你为了节省人事费用而自己去顾店，把自己绑死在店里，自己开店自己照顾的模式，真的不叫做系统。

一个好的系统运作模式应该是，你把劳务型工作交给生产型的服务生，而你则是努力为你的系统找出源源不断的印钞模式，就算只是小而美的餐厅，你也可以在用餐的黄金时段之外，交给服务生来看店，然后你去附近进行“商圈探访”，了解你与其他竞争者的差别在哪里。

花钱请人顾店的目的，不是要你从此丢着不管，而是要你站在更高的角度去思考整体的营运方针，想办法强化这台印钞机的引擎，让它的马达更有力，转得更快速。

还有，我也在许多创业论坛上看到过一些很夸张的招聘信息，比如征“合作伙伴”或者“创业伙伴”，这些招聘的条件通常很严苛，而且待遇还有可能是零，因为计薪条件明白写着：我们给的是干股。

然而所谓的干股，很有可能只是一堆没有价值的废纸而已，这种做法说穿了，就是你根本没有征人的意愿。

钱要花在刀刃上没错，但一味地省钱未必是好事，该花的钱绝不能省，不要再为了人事成本而害怕请人，只要长远下来，你的印钞机能够不断扩张与升级，那么这些成本都是非常值得的投资。

TOP TIPS

展店的规模经济

经济学所指的规模经济效益，是指随着规模扩大，生产成本和经营费用都得以降低，在长期平均成本降低之下所取得的一种成本优势。

这也就是为什么很多零售业走连锁加盟模式，因为随着加盟体系扩大，总部才能压低进货成本，双方一起享受规模经济所带来的经济效益。

只不过现在要加盟高利润的总部已经可遇不可求，几乎各行各业都已经濒临“薄利化”，即便你只是加盟主，想要提高获利，也必须多开几家加盟店，才能利用规模经济赚到你想要的利润。

然而，把所有的投资都放在同一家总部，其风险非常之高。如果你打算以加盟店的方式扩大规模经济，慎选总部非常重要，这也就是为什么很多人会选择便利商店的原因。

目前市场上已具规模的便利商店总部，在创业说明会上会诚实地告诉你，便利商店不是一个高利润的产业，只是一个相对稳定的产业，想要赚大钱的不要来，但是想要多开几家店，只要资金许可绝对没有问题。

然而，如果你选择加盟非便利商店体系，一定要记得在上班日去参观加盟总部，因为有些加盟总部虽然很认真在做营销，但实际员工没有多少人，能提供给你的支持有限。

更可能因为底下加盟店不多，无法达到经营规模，所以没有足够的资金为新产品做广告，以致新产品的经营规模比不上其他竞争者。而这些细节，都是你在加盟前，一定要审慎评估之处。

世上没有不会出故障的印钞机

很多年轻人问我，为什么好不容易打造出一套运作的系统，还要时时刻刻改变它？

我告诉他们，在这个世界上，从来不存在一台全天候运转却从来不会出故障的印钞机，如果把企业制度与作业流程比作印钞机的零件，那么不合时宜的制度，绝对会成为拖垮印钞机的关键。

举例来说，过去日本企业采取“终生雇用制”，原本的美意在于，假设一个员工一辈子都在一家公司工作，内心会自然而然地把公司当作是自己的家，只要有了稳定踏实的安全感，工作起来就会更加起劲儿。

不可否认，终生雇用制确实让许多日本企业因而茁壮强大，然而，我们却能从许多日剧里面看到这样的情节：大公司里没有生产力的冗员，因为碍于终生雇用制的规定，被高层下放到公司的边缘部门，或外派到偏僻的分公司，不是变成了整天无所事事的“窗边族”，就是提早开始养老。

当然，这不代表你从此就可以过着“钱多事少”的生活，你除了必须忍受同事的歧视嘲弄，以及职场霸凌的压力之外，有一些工作津贴也随着下放而被取消，收入锐减的下场，就是直接影响你的生活质量。

终生雇用的制度在日本战后人心期望安定的年代，收到了绝佳的效果，同时也让经济随之起飞。

然而，随着时代进步，却也慢慢累积了弊病，这个制度对这个系统来说，就像是许多零件明明旧了却没办法换新，只能任由它在机器内部继续耗损机油，拖累印钞机的运转。

事实上，**无论印钞机的系统大小，都难以避免零件老旧或是内建程序需要更新的一天；无论制度还是流程，都必须及时因环境而改变。**我亲眼看过有家百货公司，从兴盛到倒闭的悲惨过程。

在物资缺乏的20世纪60年代，这家百货公司生意兴隆，连开了7家分店，在全盛时期，一年业绩高达数十亿。

然而，随着时移事异，当国外新兴卖场逐渐引进，而他们没有调整步伐，还是以老旧的设备与跟不上潮流的商品来服务消费者时，就注定他们将被淘汰的命运。

不只如此，他们内部的作业也奇糟无比，在生鲜冷冻库，你可以看到发霉的猪血糕；在货架上，随手就能拿到过期品，甚至许多生鲜食品，都是不断重复“过期重新再包装”的动作，以致屡屡遭到消费者投诉。

在采购流程上，也常常出现会计兼出纳、仓管下订单，以及会计签收采购签单等离谱事情，这些夸张的作业流程，实行多年却无人管理。

因为高层没有随时稽核公司的作业流程，也没有随时检讨不合时宜的产品结构，任由这些生锈的零件慢慢腐蚀印钞机，最终导致印钞机报销，当年辛苦建立的百货霸业从此走入历史。

其实，就算只是一个小零件出现问题，也有可能像蝴蝶效应一样，瞬间引发巨大冲击；当然，你也不要小看改造一个零件的效益，有时候你只要做出些微的调整，就能省下一笔成本，甚至创造出你想象不到的利润。

记得以前我任职的公司，在每个月发放工资之前，光是计算薪水、业绩奖金和请假加班这些数据，就得动员数十个人，才能把薪水正确无误地发放完毕，以至于每到过年前夕，还要其他部门同事加班支持，才有办法完成任务。

后来公司开始调整内部作业流程，引进了自动化系统，如同更新这台“印钞机”的组件，像是电脑硬件升级一样，不但让员工的工作效率更高，公司也因此省下可观的加班费。

所以，如果你在三十岁之后，打算拥有一家自己的公司或工作室，建立一个持续运转赚钱的系统，那么你一定要随时检查内部作业流程，从人力资源、财务会计到业务执行，每个环节都要随时去检查，是否有哪个环节出了差错。

这也就是很多企业会找企管顾问公司来进行内部诊断的原因，因为印钞机就像人一样会生病，不时还会出故障，所以你要定期做健康检查找出病因，并实时修复各种损坏的零件。

经常“保养”你的印钞机，才能确保它不会在关键时刻“卡纸”，让你必须砸下更多钞票来修复它。

你必须是
印钞机的最佳维护专家

电视媒体上，常常可以看到哪个艺人又拓展了什么副业，哪个艺人投资副业又失败，而且因此背债上千万，只得靠努力拍戏来还债。

不过这些副业中，最稀奇的就是有个天王跑去投资电子产业。表面上是风光的电子业老板，然而，短短数年，天王就赔尽上亿财产，还差点儿落得不良奸商的名号。

至于艺人最爱投资的餐饮业，因为投资的门槛最低，所以他们常常找来几个朋友合资以后，就开店做起生意。

通常他们打的如意算盘是，只要用自己艺人的知名度就能吸引粉丝，接着把餐厅丢给合伙人去经营就行了，自己只要等着坐收红利就好，却不知这种态度，竟是导致倒闭的恶因。

我身边有个三十岁的年轻人，也遭遇过同样的惨事。这个年轻人告诉我，在他三十岁那一年，朋友找他一起合伙，做的是电脑周边设备批发的生意，他朋友说，他只要当股东就好，平日仍旧照常上班，至于跑业务等工作就交给他们。这个年轻人唯一要做的，就是拿钱出来投资，然后年底等着分红就好。

他听了很兴奋，这种能一边持续上班有收入，还能升格当老板的感觉真好，于是他把自己的积蓄与向家里借来的20万，全部交给朋友。结果三个月后，朋友只来一句经营不善，问年轻人要不要接手，否则就只好关门大吉，年轻人虽然百般不愿，但是自己对这份事业完全不懂，最后只能眼看它收山，还欠了家人一屁股债。

不论艺人还是这个年轻人，他们都犯了一个同样的错，那就是投入自己完全不懂的行业。即便经营餐厅的门槛再低，仍然有一套经营管理的方法，贸然把钱投入自己完全不懂的行业，那么当这台印钞机出现问题时，你将完全无用武之地，只能眼睁睁地看着它出故障报销。

我曾经听过一个真实案例。我有个长辈在三十岁时，因为担任公司的会计，从报表上发现公司这几年来的营收稳定，前景良好，于是当他老板提出增资计划时，该长辈就找亲朋好友，一起入股投资这家公司。

没想到两年后，公司因为没有及时调整经营结构，因而面临倒闭危机，此时长辈心想，亲朋好友的钱都投进来了，如果公司倒闭，他如何对得起大家，因此他硬着头皮，接下这个与财会领域完全不同、他完全不懂的家具工厂。

没想到，接下工厂才是梦魇的开始，身为家具外行人的他，只有被师傅吃得死死的份，每次他向师傅请教一些事情，师傅都爱理不理，甚至故意唱反调，让这个长辈头痛万分。

因为对这台印钞机完全不熟，所以他完全不知道如何才能让这台印钞机运转，当初只是为了不让亲朋好友投入的金钱化为乌有，没想到最后却是赔掉更多的钞票。

这也就是与股神巴菲特、金融大鳄索罗斯齐名的投资家吉姆·罗杰斯（Jim Rogers）所说的："每个人应该找到适合自己的投资方式，要投资自己熟悉的行业，不懂的东西，千万不要去碰。"

很多年轻人甚至以为，只要选择好的加盟总部就能降低创业成本，然而，很多人决定加盟总部的方式，只是在连锁加盟展会现场逛一圈，看看谁的加盟金比较低，就决定加盟它。

然而，如果你以为选择加盟就万无一失，那就大错特错了。你因为不懂这个行业，所以选择加盟，但是别忘了，很多加盟总部也是"半路出家"，尤其加盟金便宜的总部更是如此。

我认识一个代理瑞典平价鱼子酱的老板，为了推广鱼子酱美食，在百货公司开了一家鱼子酱餐厅，由于单店推广效益有限，所以他决定听从专家的意见，往加盟路线发展。有一天，他把专家规划的推广广告拿给我看，我看了差点儿吐血，因为朋友的头衔，清楚写着"总裁"二字。

这个朋友只有开一家店的经验，而且还没开始赚钱；底下的员工也只有一个人，就是他太太，但他同样走连锁加盟模式，加盟金也是超级优惠，你很难找到比他更便宜的加盟金。

便宜加盟金的加盟总部制度未必健全，但发展成熟的总部加盟金又高，很多年轻人为了降低开业成本，于是选择“半生不熟”的加盟总部。

如果你因为贪图便宜加盟金，又认为鱼子酱是市面上少见的食品，非常具有竞争力而加盟，那么当这个总部经营不善，宣告倒闭时，你有可能连货源都拿不到，而当初投资的设备也跟着“打水漂”，你的这台印钞机，最后将成一堆废铁。

因此，**你所打造的印钞机，必须是你熟悉的产业**，即便选择加盟，也最好选择你能掌握的行业，或者加盟后尽快把这行摸熟，一旦加盟总部没有跟上时代潮流调整营运策略，你也有能力维护这台印钞机，不至于让当初的投资付诸东流。

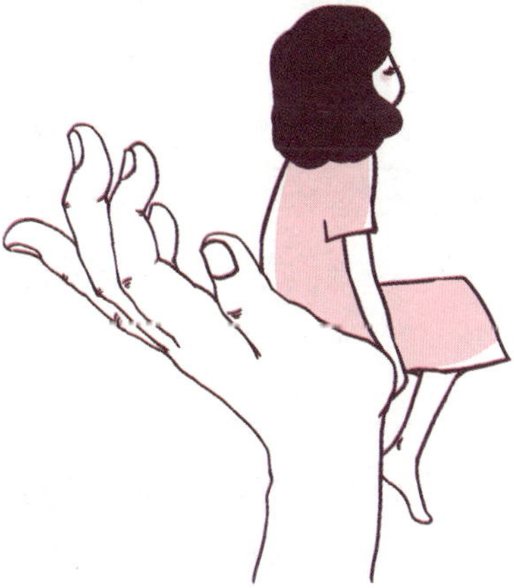

每台印钞机
也都有使用期限

有个年轻人跟我说，为什么他的印钞机一开始运转得很快，可是才短短半年，生意竟然比刚开业还惨？

我说，导致这个问题的原因有很多，除了你的产品不够吸引消费者重复上门外，你有随时去了解消费者在需求上的变化吗？

他说，他做的是小吃生意，应该没有这个问题。我告诉他，你只要每隔三个月去观光夜市走一圈，你就会惊讶地发现，短短的一条街上，竟然能在这么短的时间内，出现数十种你从没看过的小吃新品，每样都非常新奇，充满创意，重点是，这些摊位前都大排长龙。

消费者的嘴巴以及各种需求与欲望，早就已经被企业养得极度喜新厌旧，如果你跟不上他们的变化，甚至顺应他们的需求，你这台印钞机的使用期限，很快就会到头。

这也就是许多企业每隔一段时间就必须进行消费者行为调查的原因。大环境的变动以及你的竞争对手的营运模式，随时都在牵动消费者的购买行为，当然也会连带影响你的印钞机运转模式。

20世纪90年代，连锁加盟模式才刚兴起，有个餐饮连锁集团成为市场上第一家推出连锁手摇杯饮品的始祖，短短半年时间，大街小巷四处挂着该品牌的招牌。

然而，由于该集团没有持续进行品牌更新，新产品推陈出新的速度更是比不上竞争对手，结果从全盛时期到没落，竟然只用了三年时间。

接下来，该集团又陆续推出咖啡连锁店品牌、50元披萨品牌、甜品豆花品牌，但是这家集团所推出的各种品牌，仿佛受到诅咒一样，最多只维持两年就收山。

尽管每个品牌都是一推出就轰动市场，但最后总是以悲剧收场，有个品牌甚至还出现和加盟商对簿公堂的负面新闻。

即便是有经验的加盟总部，如果印钞机没有应市场变化而调整营运模式，受影响的不只是加盟总部，还包括当初捧着钞票上门的加盟商。

我们经常能从新闻媒体上，得知哪家知名企业濒临破产。如过去手机霸主诺基亚，全盛时期手机的市场占有率在全球高达前三名，然而十几年过去，竟然面临出卖手机部门的命运，一切只在于当初低估了智能手机的发展前景。

每台印钞机都有它的使用期限，就像银行印钞票，每隔一段时间也会推出新的货币一样，随时修改印钞程序，如果哪天你发现自己的印钞机转得越来越慢，你就必须有所警觉，是不是印钞机的运作模式

出了问题。

除了检查印钞机的零件，也就是内部作业是否有故障外，你更要找出印钞模式是否已经老旧，并找出消费者购买行为的变化趋势，这才是延长印钞机使用期限的关键。

如果你不知道顾客行为出现哪些改变，就到现场去实际观察消费者的举动吧，千万不要只凭书面上的市场调查资料就做出决定。

“制式的问卷调查绝对无法读出消费者的真实需求，因为这些调查不会告诉你，客户购买的真实本意是什么，顶多只能说明他们确实存在而已。”美国亚利桑那州一位营销企管顾问公司的 CEO 说道。

这也就是为什么许多专家告诉你“现场管理”的重要性。

当然，你也可以问问老顾客，为何从此不再上门？

总之，你所做的一切重点就在于，知道是谁买了你的产品，他们为何要买，他们怎么买到的。当你愈了解客户的消费动机，你愈能够提高这台印钞机的竞争力。

十多年前，企业网站只需要一个简单的门面，告诉顾客，世界上有你这家公司存在就行，但是同样的网页放到十年后的现在，它带给顾客的感觉，就会像穿着老奶奶的裹脚布去参加时尚派对一样可笑。

即便是标榜第三代接手的八十年传统美食老店，也得试图加入新时代的元素，迎合现代人的需求。

在你好不容易打造一台赚钱的印钞机之后，别忘了时时更新程序，如果你不积极前进，跟上消费者的喜好与需求，那么你就要做好这台印钞机随时罢工的心理准备。

没有印钞机前，不要投资

现在市面上有许多财经杂志，充斥着类似以下的报道，他们说许多三十多岁的年轻人，光是靠着玩股票和投资理财，就能提早享受财务自由，借此告诉年轻人，只要你努力工作，手边存了一点儿资金，然后一股脑儿地把钱投入股票市场，就能开启另一个钱滚钱的账户。

然而，尽管事实没有你想象中的那么简单美好，却是很多年轻人心向往之的致富之道。

我问过许多二十几岁的年轻人，他们会选择什么方式理财？有一半的人告诉我，他会想要把存下来的钱，拿去投资基金或股票。

很多上班族会听信银行理财专员天花乱坠地推销，把自己的存款拿来投资银行不断推陈出新的复合式金融商品。其实，会把钱交到理财专员手里的人，不外乎抱着两种心态，一是希望让户头里的存款保值，另一个是期望通过投资让财产增值。

然而，你不知道的是，银行的某些理财产品都像是裹着糖衣的毒药，他们惯用的手法就是，利用数字“障眼法”夸大收益，或是掩饰资金被非法挪用所出现的巨额亏损，这些信息不透明的假象，不但让你的资产无法增值，甚至连保值都难。

更有甚者，很多银行理财专员根本连自己都搞不懂这些结构复杂的金融商品，当然更不会告诉你，这个黑盒子里藏着可怕的不定时炸弹。

理财专员大多通过销售语言包装，为你勾勒一张美好的理财蓝图，他们只会告诉你，购买某个金融产品比定存的利率要高出许多，不但保本，利息还有机会上看10%。

我认识的一位小学退休老师，曾经在银行理财专员的游说之下，捧着自己的退休金60多万购买外国银行连动债，但是却完全不清楚这款连动债的联结标的是什么。面对一张满是英文的合约书，就算看不懂也傻傻地签下去，最后金融风暴一爆发，几十年的退休金瞬间化为乌有。

有一天我遇到这个老师，他一见面就开始跟我哭诉:“一定是我的命不好，这辈子没有偏财运，才会一投资就赔钱。”

实际上，**不是因为你的运气不够好，或是所谓什么偏财运不够才会血本无归，而是你所面对的市场，本身就是一个信息不对称的投资环境。**

如果你平常不留意利率与汇率的变化，也不是很了解自己买的这只看起来“很可靠”的股票背后母公司的研发脚步，早就已经比对手落后了好几年，你只是凭着当下的感觉走或是一味跟风，以为这样就能够翻身致富，那么这种行为，简直跟把钱丢到海里没有两样。

有很多人看到别人投资期货赚钱很容易，就觉得自己也可以躺着轻松赚，当你只是个普通的朝九晚五上班族，每天光忙着上班开会跑业务就累得半死，下班之后，你又有多少时间来做功课？难道你以为，光是研究K线图就能成功避险吗？

在高风险的投资项目里，通常一百个人中，真正能赚到钱的不会超过五个，不要抱着赌一把的念头期望你会是那五个幸运儿之一，否则最后只会让自己摔落在信息不对称的深谷中。

富人之所以越来越有钱，不是因为他们很豪迈地把财产拿来玩“零和游戏”，而是在赚取第一桶金之后，开始建立一套能不断创造收入的系统，也就是为自己打造一台印钞机。

现在三十岁的你，从学校毕业进入职场之后，已经投入某个专业领域好几年，在这段时间里，你会了解相关产业的运作流程，也累积了一些人脉，接下来，你就可以开始规划如何建立自己的系统。就像有些上班族会利用网络平台全年无休的特性，在网络上分享资源或是进行买卖交易，开始赚取本业以外的持续性收入。

当你身后有一台全天候运转的印钞机支持着你时，等于降低了每次投资的风险。然后你再观察整体趋势，找到长期稳健的标的物投资，如此一来你就不再需要成天和人玩命赌运气，而是有计划地让自己脱离贫穷，一步一个脚印，不用模仿别人，你同样也可以走上真正的财务自由之路。

TOP TIPS

你我无法避开的“信息不对称”环境

所谓的“信息不对称”，就是其中一方拥有另一方无法掌握的信息，形成一方知情，另一方被蒙在鼓里的不对称状态。

我们的日常生活也处于“信息不对称”之中，像是消费者不会知道买到的橄榄油到底有没有添加铜叶绿素，银行未必能百分百地掌握欠款人的全部资产，保险公司也无法得知被保人是否有隐瞒病情，这对一个人的生活或是公司的运转来说，隐藏了许多看不见的风险。

当你每天翻开报纸或是打开电视，看到其中牵涉庞大利益的商业新闻，无论是股市还是楼市，你面对的都是一个信息不对称的环境。商人的植入性营销，有时候就像是一个看起来很美好的海市蜃楼，但是这个吹起来的泡泡什么时候会破，却没有人敢保证。

就像银行理财专员总会用引导的方式来推销新产品，对于产品中的潜在风险轻描淡写地带过，一旦出事，你才会发现自己根本求助无门。

除非你是站在有利的一方，否则在信息不对称的情况下大举投资，简直就像是在赌场玩吃角子老虎机，最终只能两手空空，甚至输得欠一屁股债后黯然离场。

“不断电印钞机”才是致富超级武器

我经常听到有上班族在嚷嚷着：“等我退休后，要去国外流浪。”或是说：“我要去欧洲放空度假一年。”

但事实上，很多人还没走到不用工作就能享受人生的那一步，就已经提前预见了穷人的命运。

大部分二十几岁的年轻朋友，其实都抱着差不多的想法，认为想要赚钱致富，就必须先拥有高学历，再去找个好工作，然后为了累积日后谈薪水的筹码而不断跳槽，心里总是想着，如果能够拼到外企高管或 CEO 的位置，就可以提早退休，过着生活无虞的下半辈子。

以前，你只需要一份收入，就足以维持一个家庭，但那个年代早已一去不复返。要是到了三十岁以后，还总是想要死守着一家公司不放，决心一辈子领老板的薪水，只求有稳定的收入交房贷就好，那么你或许饿不死，但无法保证你不会穷死。

事实上，绝大多数的富人并不是靠着找到铁饭碗工作，或是进场玩玩股票就能投机致富，最主要的是他们能根据自身的专业和发展优势，替自己量身打造一台全天候运转、不需要休息的印钞机。

很多人对于“持续性收入”的理解，仅限于传销活动，总认为只要路上随便拉几只白老鼠，将他们洗脑成你的下线，再让他们各自去找更多人加入，如此一来，比他们还要早加入的你，就好像站在金字塔的高处，而钞票就会开始自动流进你的户头，就算躺着都有钱可以领。

在他们的观念里，天下没有免费的午餐，持续性收入就像是不劳而获的老鼠，总有泡沫化的一天。

如果只把持续性收入与传销画上等号，这样的定义实在太过狭隘，像《哈利·波特》的作者罗琳，正是利用版税打造她个人的印钞机，从小说到改编成电影的版税，让她不需要外出抛头露面，也照样能开心数钞票。

就像是好莱坞首席富婆奥普拉，凭着知名电视脱口秀主持人的身份，她不断累积知名度，也赚进了大把钞票，但是这一时期光靠主持节目访问来宾或接拍广告的奥普拉，仍然是靠自己的劳力赚钱，和上班族一样，收入属于劳务型所得。

尽管奥普拉秀在美国已经见好就收，节目在2011年的时候就已经停播，但是奥普拉的声势却始终不减，你必须了解，真正让奥普拉致富的关键，已经不是来自每次录像的收入，而是她创造了一个年营业额将近十亿美元的媒体王国。

从出版不同类型的杂志到拥有专属的电视频道，奥普拉成功地将自己塑造成知名品牌，凭借着发挥个人优势，打造一台每天有数百人为她工作的印钞机，就算未来她退休了，靠着持续性收入，她也依然会是令人称羡的富婆。

除了个人拥有印钞机之外，经营公司本身就是打造印钞机的过程，以麦当劳为例，这道“金色拱门”做出来的汉堡和薯条，未必是全世界最好吃的，为什么它却是全球化数一数二成功的企业？

因为他们借由建立物流、生产销售和管理服务这些“系统”，让公司不断累积资本，简单来说，麦当劳叔叔不需要像你家巷口的早餐店一样，天还没亮就起来辛苦炸薯条煎汉堡，但财富却以惊人的倍数持续增长。

《有钱人想的和你不一样》的作者在书中提到许多有钱人创造财富的途径，其中最重要的是他们的致富精神：绝大部分的千万富翁，都是因为有自己的事业才发财的。

比起睁大眼睛挑选一个值得卖命的好老板，你更该认清的现实是，二十几岁的时候用你新鲜的肝来拼命，永远不可能换来三十岁之后财务自由的生活。

更惨的是，每天辛苦工作十几个小时，连吃饭睡觉的时间都赔进去，到头来却依然口袋空空。

三十岁之后，你的人生规划应该是成为系统的建构者，当一套系统能够自行运作的时候，表示有成千上万个零件会支持系统的运转。

这样一来，你就不再需要付出多余的时间和劳力，去做堆积如山的工作，无论你在睡觉还是在环游世界，这台“全自动不断电印钞机”不会因此停摆，随时都在帮你印大把大把的钞票。